能源大数据技术与应用

夏绪卫　主编

U0231600

哈尔滨出版社
HARBIN PUBLISHING HOUSE

图书在版编目（CIP）数据

能源大数据技术与应用 / 夏绪卫主编. — 哈尔滨 ：
哈尔滨出版社，2023.7

ISBN 978-7-5484-7420-3

Ⅰ. ①能… Ⅱ. ①夏… Ⅲ. ①能源－数据－研究
Ⅳ. ① TK01

中国国家版本馆 CIP 数据核字（2023）第 134351 号

书　　名：**能源大数据技术与应用**
NENGYUAN DASHUJU JISHU YU YINGYONG

作　　者：夏绪卫　主编
责任编辑：韩伟锋
封面设计：张　华
出版发行：哈尔滨出版社（Harbin Publishing House）
社　　址：哈尔滨市香坊区泰山路 82-9 号　邮编：150090
经　　销：全国新华书店
印　　刷：廊坊市广阳区九洲印刷厂
网　　址：www.hrbcbs.com
E - mail：hrbcbs@yeah.net
编辑版权热线：（0451）87900271　87900272
开　　本：787mm×1092mm　1/16　印张：11.75　字数：260 千字
版　　次：2023 年 7 月第 1 版
印　　次：2023 年 7 月第 1 次印刷
书　　号：ISBN 978-7-5484-7420-3
定　　价：76.00 元

凡购本社图书发现印装错误，请与本社印刷部联系调换。
服务热线：（0451）87900279

前　言

随着能源资源的日益紧张和能源需求量的增加，节能绩效的科学有效管理和能源效率的持续改进成为当前能源工作重点追求的目标，而"互联网＋能源""大数据""人工智能"等新技术的快速发展对能源信息化管理的成熟应用提出了一个新的课题。利用能源大数据来驱动能效的提升，推动产业转型升级，创造巨大的经济效益和社会效益势在必行。能源是支撑国民经济社会发展的重要基础。自 20 世纪 80 年代以来，随着计算机数据库技术和产品的日益成熟以及计算机应用的普及和深化，目前信息化手段已广泛应用于工业领域，工业企业通过信息化手段采集数据形成海量数据。而在生产、加工转换、传输、消费环节等传统能源利用环节，以及能源交易、销售方式方面，对节能服务单位、研发机构、融资机构等企业存在数据壁垒，从而导致信息孤岛，能源数据得不到有效的整合利用，数据的内在价值得不到体现。通过调研发现，许多企业在该方面均有较大需求，怎样使用能源大数据来驱动能效的提升成为一个值得探讨的问题。

随着大数据时代的到来，"数据"这种抽象的东西，在我们的日常生活中变得越来越具体和重要。能源行业作为关系国民生计的关键行业，在大数据时代也爆发出新的生命力，能源大数据呼之欲出。面对来势汹涌的能源大数据的发展和需求，《能源大数据技术与应用》应运而生。

本书正是在上述发展动向和背景下编写的。本书从大数据及能源大数据基础介绍入手，针对大数据平台技术架构、大数据安全技术以及大数据技术应用进行了分析研究；对电力能源大数据应用、碳排放权交易能源大数据应用做了一定的介绍；还对能源大数据时代的发展进行了分析。本书可为能源大数据应用探索，以及省级能源大数据应用中心建设和实践提供有益参考。

在本书撰写的过程中，参考了许多资料以及其他学者的相关研究成果，在此表示由衷的感谢！鉴于时间较为仓促，水平有限，书中难免出现一些谬误之处，因此恳请广大读者、专家学者能够予以谅解并及时进行指正，以便后续对本书做进一步的修改与完善。

编 委 会

主　编

夏绪卫　国网宁夏电力有限公司电力科学研究院

副主编

马　瑞　国网宁夏电力有限公司电力科学研究院
朱东歌　国网宁夏电力有限公司电力科学研究院
张　爽　国网宁夏电力有限公司电力科学研究院
闫振华　国网宁夏电力有限公司电力科学研究院
韩红卫　国网宁夏电力有限公司电力科学研究院
林建华　国网信通亿力科技有限责任公司
陈岸青　国网信通亿力科技有限责任公司
（以上副主编排序以姓氏首字母为序）

目　录

第一章 大数据及能源大数据概述

第一节 数据的产生与数据资源的特征

一、数据的产生

数据是客观世界被感知的产物，亦是现实的信息反映，它代表着对某件事物的描述，数据可以记录、分析并重组事物。自然的演变、人类的活动、社会的运转驱动着数据的产生，并通过对现实世界的要素进行采集记录，以合适的载体进行表达，由此逐渐发展成人类可知可用的信息。随着信息科学和计算机技术的发展，数据产生方式从被动式逐渐转变为主动式，人们能够感知到的数据量越来越庞大，涉及领域越来越广泛。

从宏观角度来讲，数据是融合人类社会、信息空间和物理世界三元世界的纽带，三元世界分别以人、机、物为主体，数据的产生和连接依赖于此。

（一）物理世界

数据来自客观存在的自然界，可通过测量、统计、调查和传感网技术等人为采集手段进行获取。这类数据采集方法属于被动产生模式，从自然界中抓取并反映物理对象的客观存在，如动植物种群分布、自然资源数据、土壤数据等都是现实状况的数据投影。

（二）人类社会

社会在运作和发展中依赖人的能动性，由生产过程或事件关联产生信息记录，通过调查统计、收集、积累形成数据，如行业或事务数据、科学实验数据、文明成果数据等。行业或事务数据反映社会产业方方面面的信息，如工业产值、房产价格、人均储蓄、居民生活水平、旅游集散地、国家经济发展等数据。科学实验数据一般由科研技术人员按照科学规律设计实验流程和处理方法，通过对基础数据的观察、分析获得有价值的数据结果或信息结论。如物质熔沸点的测算、孟德尔豌豆实验、希格斯粒子的寻找等都产生了一系列实验数据和结果数据。文明成果数据是从人类出现开始萌芽，经历了数万年思想的积累和沉淀、文化的厚积薄发而形成特殊的人文财富，包括思想、语言、理论等数据内容。这三种数据共同记录着人类对自然界的改造和对文明的追求历程。

（三）信息空间

计算机技术和互联网技术的发展，使得数据的远距离传输和大规模存储不再受到载体和空间范围的限制，计算机和网络高度普及的时代催生了大量的数据内容，数据体量呈现爆炸式增长，形成了庞大的信息空间。信息平台的发展，为数据的存储、交换、应用提供了便利的环境支持。用户可以浏览、获取信息平台提供的数据，也可以制作、上传数据至信息平台。信息平台不仅是数据的来源，也是数据的出口。

信息空间包含的数据主要为组织数据和再生数据。组织数据是指信息平台按规则组织的数据，如新闻网站、音乐网站、机构官网等网络页面中提供的公开数据，以及面向特定人群的依托于计算机载体存储和使用的数据。再生数据是指基于信息平台或组织数据而主动形成的用户自产数据，包括以 Wiki（维基）、博客、微博、微信等自服务模式为主，通过互联网用户生产的数据，以及基于组织数据和科学方法与技术手段形成的用户再创造的数据。与物理世界来源和人类社会来源的数据相比，以信息空间为来源的数据产生模式更加主动，产生频率更加密集，数据增长速度更快。

在计算机及信息技术革命时代，物理世界、人类社会、信息空间的界限逐渐模糊，三者不是完全对立互斥的。人类社会的活动改造物理世界，物理世界是人类社会发展的基础环境，信息空间不仅是对已知世界的感知，也是对物理世界和人类社会认知与推理的源泉。

二、数据资源的定义

数据资源是通过人类的活动可以变成社会财富，推动社会进步的一组"数据"的集合。广义上的数据资源指的是数据、信息、数据库系统以及构建于其上实现的服务在内的所有内容。数据资源也被定义为信息资源的主要组成部分，在以计算机为主要信息处理工具的信息化时代，数据资源具有庞大的规模和数量，但缺乏有效的组织和服务。

数据资源首先是一种资源，资源最大的本质就是它的价值体现，这个价值既包含了当前拥有的价值，也隐含了未来发展中的增长价值。从价值附加角度重新定义，认为数据资源是在一定的技术经济条件下，已经被人类所利用和可预见的未来能被人类利用的数据，是人类社会的重要产物。

数据资源的主体是数据，数据在从产生、利用到消亡的过程中，被赋予价值、被价值评估、被价值利用。作为资源，它可以存储能量，加之有效管理和挖掘以发挥效用，服务于人类和社会的发展。数据资源与信息化的结合推动了数据资源的共享和传播，使其在有限的时间和空间内，能够复制和扩散大量的有效信息。数据资源更是一种新理念、新思维、新能源，强调数据的价值体现和可持续发展，使数据充斥的世界不在茫茫的数字海洋中迷惘，使数据迸发的时代不被汹涌的数字浪潮所裹挟。

数据资源不是今日的产物，它伴随着数据产生而出现。随着数据的不断涌现，催生了人们对大数据和数据价值的探究欲望。数据资源的存在如同数据一样广泛，涉及众多领域，包括科学研究、产业应用、民生建设、政务管理等社会发展的方方面面，其战略意义不在于掌握庞大的数据信息，而在于对这些含有信息、效用或潜在效用的数据进行专业化管理、处理、挖掘和应用。数据资源引发人们关注的关键在于通过"管理"和"应用"能力的提高，揭开数据表层的面纱，探寻真正有用的数据，实现数据的价值积聚和能量释放。

现代社会是一个科技高速发展的社会，信息流通迅速，事物交互频繁，人们交流密集，越来越多的数据资源在这个时代产生。从技术上看，数据资源不再只局限于手动采集、独立管理、纸质传播，云的出现为海量数据资源的全局管理提供了可行的解决方案，使其在科技的支持下拥有更好的生存保障和应用环境。同时，跨部门、跨行业、跨领域的数据共享开放、数据创新发展应用、个人信息安全保护也逐渐成为数据资源管理的聚焦内容。

数据资源以广泛且大量的数据为基础，与大数据的概念颇为相似，但两者不可混为一谈。大数据是指无法在一定时间范围内用常规软件工具进行捕捉、管理和处理的数据集合，具有更强的决策力、洞察发现力和流程优化能力的海量、高增长率和多样化的信息资产。大数据的特征重点在于数据量庞大、数据获取速度快、数据变动大且复杂，带着强烈的时代特征，更多地强调相较传统小体量数据的变化以及在面对大数据时的认识角度和处理技术。数据资源是一个更加客观和普适的概念，不仅完全具备大数据的特征，而且含义更加丰富、来源更加可靠、价值更加明显，且具有更强的生命力。

三、数据资源的类型

数据资源存在的广泛性决定其类型必然复杂多样，这与数据的产生和组织形式有关。不同的数据资源类型包含的数据内容和应用场景各异，承载了各行各业的信息，可谓包罗万象，本书从不同的分类角度阐述数据资源的类型。

（一）按领域分类

数据资源存在于发展中的社会的每个角落，在不同的领域产生而又协同服务于社会的发展。按领域来分，数据资源主要分为城市数据资源、行业数据资源、科技数据资源和其他数据资源。

1.城市数据资源

城市数据资源是指在城市建设和发展中形成的数据资源，与网上呈现的大量数据信息相比，城市数据资源对于深化智慧城市的发展更为重要，且应用价值更丰富，它涵盖了城市建设、环境、企业产业、教育、医疗卫生、食品、文化等多方面资源。这些数据资源内容包括政府决策数据、公共服务数据和城市运行数据等。随着基础设施的建设和电子政务的推进，城市数据资源的管理和应用趋向智能多元化。政府对城市数据资源的管理和开放具有主导作用，同时需要权威、技术和市场的合作，才能聚集全方位的信息，构建完整的城市数据资源库。

2. 行业数据资源

数据资源以行业为落脚点，从行业中来应用到行业中去。按行业对数据资源进行划分，主要包括但不限于教育数据资源、交通运输数据资源、金融数据资源、农业数据资源、能源数据资源、资源和环境数据资源、旅游数据资源、测绘数据资源、财政数据资源、就业及社会保障数据资源、对外经济贸易数据资源、卫生和社会服务数据资源、文化和体育数据资源等多种类型。不同数据类型中的数据内容有所交叉，共同维持由多行业联合支撑的"社会机器"的运转。

（1）教育数据资源

教育数据资源是随着教育事业的发展积累而成的行业数据资源，包含学校、教职工、学生、学科、教育水平、教务情况和教育经费等方面的数据和信息，反映教育行业的发展状态和不足之处，以更好地服务于人才培养和教育创新。

（2）交通运输数据资源

交通运输行业包括公路、水运、铁路、民航、邮政、港口和建设投资等子行业，被喻为国民经济动脉，其中所产生的交通流量、客货运营量、通行量、路网、航线网、营收数据、投资规模等数据都属于交通运输数据资源的范畴。交通运输数据资源是推动城市建设和经济发展的重要软支撑和强助力。

（3）金融数据资源

金融行业的数据资源不仅包括银行、外汇管理、银行保险监督管理、证券监督管理等部门的数据，也包括互联网背景下的新型金融产业，如第三方支付、保险、众筹、消费、理财、网贷等金融窗口的数据。金融数据资源重在管理和安全控制，以保障金融行业的健康发展。

（4）农业数据资源

农业数据资源是农业水平与现状的综合反映，具有地域性、周期性、季节性和不稳定性。随着物联网的介入，农业数据资源的获取和采集更加自动、可控，其包含农业资源和生产环境、农业投入产出、农业市场和农业管理等方面的内容，是科学与农业结合的实践产物，是推动现代化农业发展的基础燃料。

（5）能源数据资源

能源数据资源的形成依托于能源的开采、运输、使用、用户消费、安全管控等过程，其主题范畴包括煤炭、石油、天然气等传统能源，以及水力、风力、太阳能、潮汐能等新型能源。近年来我国能源消耗持续增高，能源结构比例有所变化，对可再生能源的利用更为重视，依托互联网，能源行业数据的积累量及其所含信息量日趋庞大，成为一项重要的数据资源。

（6）资源和环境数据资源

资源和环境是生态的两个方面：资源包括森林、草原、山脉、矿产、动植物和水等自然界所提供的物质要素；环境包括气候、污染、回收、治理等与人类共处的周边现象。资源和环境数据资源包含各类资源的质量、储量和利用状况，污染物排放、回收、再利用、清运、处理情况，以及环境保护和治理投资情况等内容。

（7）旅游数据资源

文化和旅游行业的发展反映了国家的文明程度和休闲环境的建设水平。旅游数据资源主体分为旅游人群和旅游地区两部分，其内容主要包括旅游资讯、游客出入量、境内境外客流、休闲模式、交通网络、景区接待状况、游客组成结构、消费量以及餐饮住宿的情况等。旅游数据资源可从侧面反映出人民生活质量的提高和地方文化的宣传，亦可反向推动旅游产业的发展。

（8）测绘数据资源

测绘数据资源是测绘生产单位使用不同感知手段和采集技术获取并加工而成的地理数据，包括影像、地图等自然地理数据资源，以及与空间位置相关的时空数据流等社会地理数据资源。

（9）财政数据资源

财政数据资源是国家或政府的收支活动中产生的一种数据资源，包括国有及国有控股企业经济运行情况、债券发行和余额以及各项收支情况等方面的数据。财政是维系国家经济水平稳定的杠杆，财政数据资源则影响着杠杆的长度和重量。

（10）就业及社会保障数据资源

就业及社保数据资源与人力资源和社会保障行业息息相关，数据内容主要包括大众就业水平、就业结构、市场供求、人才队伍、工资分配、参保情况、社保收支、劳动关系等方面。

（11）对外经济贸易数据资源

对外经济贸易数据资源包括外商和对外投资、劳务、承包工程、服务贸易等商务数据以及货物进出口额等海关数据，反映了国家之间的商业往来和经济交流。对外经济贸易数据资源的可挖掘性促进了外贸行业的扩张和国际企业间的合作，价值密度相对较高。

（12）卫生和社会服务数据资源

社会服务机构及救助情况、社会福利企业和彩票销售情况、医院及设施情况、医疗水平、就诊情况、新型农村合作医疗情况等卫生和社会服务数据资源受到民政部门和卫生健康部门的共同关注，同时也是公众关心的信息。

（13）文化和体育数据资源

文化与体育时常交叉、互为促进，此类资源包括文化数据资源和体育数据资源两类，其中文化数据资源是指新闻及出版物、广播与影视节目、艺术团体、博物馆、公共图书馆、文化馆及其所含的文化内容等数据信息；体育数据资源是指体育项目、运动员、赛事情况等数据信息。

3. 科技数据资源

科技数据资源是指科技生产者、科技经营者、科技消费者在科技实践过程中所产生的、与科技产品或科技服务的创作生产、推广传播、市场运营、最终消费过程相关的，以原生数据及次生数据形式保存下来的图片、文本（包括文字、实验报告、数字和图表）、影像、声音等文件资料的总称；从应用的角度来看，科技数据资源是针对科技行业海量数据的计算处理需求应运而生的一套新的数据架构的理论、方法和技术的统称。科技数据资源生成渠道广泛，具有显著的碎片化特性，价值延展性广，且复合特性较强。

随着科技数据资源的积累与海量数据思维模式的成熟，应用知识挖掘、中文信息处理等关键技术，科技产业在生产、传播、服务、消费等各产业链环节将逐渐形成新的模式，数据资源在优化资源配置、凝练科技信息、推动科技传播、促进科技创新、形成生产导向与挖掘商业需求等方面的价值也将上升到一个新的高度。科技数据资源将被视作最重要的社会资产形式，并且在新的社会经济运行体系中占有非常重要的位置。

4. 其他数据资源

数据资源不仅包含城市数据资源、行业数据资源和科技数据资源，还有娱乐数据资源、网络数据资源以及个人产生的行为数据资源等其他领域的各类数据资源，可以统称为其他数据资源。

（二）按产权分类

数据资源具有产权，产权决定了数据资源的所属方，不同的所属方可对其进行使用、处置和交易。按产权来分，数据资源可分为政府数据资源、企业数据资源和社会数据资源。

1. 政府数据资源

政府具有产权的数据资源即为政府数据资源，根据政府级别的不同，又可分为国家政府数据资源、省政府数据资源、市政府数据资源、县政府数据资源等。政府数据资源主要包括政府部门采集、调查、测量、统计而来的数据资源，以及业务办理过程中形成的政务数据资源。这类数据资源涉及范围非常广泛，覆盖大部分行业，是政务数据管理的主体内容。

2. 企业数据资源

企业在运转过程中伴随着大量数据的产生，包括企业自身发展、企业资源、业务数据、经营管理数据、市场交易、行业信息以及客户行为或特征等方面的数据内容，如支付宝中的转账记录和消费数据，滴滴打车中的行程信息和支付信息等，都属于企业数据资源的范畴。企业数据资源的产权方为企业自身。由于企业数据资源中包含客户个人信息，这对安全和隐私保护提出了法律和技术上的需求。企业数据资源的挖掘仍需政策的正确引导，以推动数据资源的开放和应用。

3. 社会数据资源

家庭是社会的细胞，人是家庭的组成部分，个人和家庭是社会的基础单位。社会数据资源的产权主体包含家庭和个人。家庭数据资源以家庭为单位，为家庭所属，包含家庭成员资料、设备、资产、社交关系、家庭活动等数据资源；个人数据资源则为个人所属，如个人的户籍信息、收入、文化、健康、移动轨迹、消费和其他经济活动、行为习惯等资料所组成的数据资源。

（三）按格式分类

数据资源的表达载体多种多样，如文本、数字、表格、图片、音频、视频、网页等都可以作为数据资源的外化表现形式，不同的表现形式具备对应的组织格式。根据数据资源不同的组织格式，将其分为结构化数据资源、非结构化数据资源和半结构化数据资源，以便制定规范和规则，对数据资源进行有针对性的统一存储和后续的管理与计算。

1.结构化数据资源

结构化数据资源通常可采用二维表的逻辑结构来表示，具有严格的组织规则，所以需预先对字段构成、数据格式与长度进行规范，一般存储于传统的关系型数据库中。这类数据资源以行为单位，一行信息描述一个实体。常见的结构化数据资源包括政府行政审批记录、公司财务报表、医疗管理信息系统（Hospital Information System，即 HIS）数据资源。

2.非结构化数据资源

非结构化数据资源是指不遵循统一或固定的数据结构或模型的数据资源，它没有预定义的数据模型，二维表无法对资源信息进行完整表达。这类数据资源由于组织形式和标准多样，不易被直接处理、查询或分析。许多问题无法通过结构化数据资源进行解答，研究者和专家遂将关注点转移至非结构化数据资源上，以寻求答案。非结构化数据资源的数量和增速日益增长，常见的非结构化数据资源包括政府企业年度报告、图像和音频／视频资料等。

3.半结构化数据资源

在组织形式上，半结构化数据资源具有一定的结构性，类似于结构化数据资源，但不完全遵循传统关系型数据库或数据表的存储模型结构，介于完全结构化和完全非结构化之间。半结构化数据资源的格式更为自由，它包含相关标记，用来分隔语义元素以及对记录和字段进行分层，可以选择性地表达有用的信息，也可以记录自身的元信息。记录与记录之间的标记不必完全一致。常见的半结构化数据资源包括邮件、日志文件、报表等。

四、数据资源的特征

从数据资源的定义和来源可以看出，数据资源是一类复杂的跨地域、跨领域、跨层级的组合体，产生渠道广泛，不具备统一的结构规范，携带现实世界和主观活动的信息，具有隐含的内在应用价值。数据资源不仅广而多，且真而精，有不同于其他自然资源的独特之处，归结而言，主要分为以下九个特征：

（一）价值传递

数据资源具有价值，但价值密度不高，如公共场所的监控视频通常具有较大的数据量，却只包含极小的价值量，在数据量和价值量不对等的情况下，挖掘并释放数据价值，离不开对分析技术的探索以及公众的深度参与。从技术角度来看，从海量的数据中挖掘内隐价值和兴趣点需要对数据资源的清洗、去冗来抽取有意义的内容，通过模型将数据映射至特征维度进行提炼，才能对数据资源进行压缩和增值，获取价值密度更高的有用信息。从不同视角进行探测，可以发掘数据资源不同维度的价值能量。数据资源的价值不会随着使用而衰减。

数据资源作为一种可再生的无形资源，其价值具有可传递性，且不会损耗，在传递过程中有可能创造出更大的价值。

（二）时空流通

严格来讲，数据资源不是可被感知到的具体事物，抛开数据资源的载体，在允许的前提下，它可以被无限复制、广为传播，突破时间和空间的限制而自由流通。月球采集的数据资源可以传送到地球并加以利用，诗词歌赋跨越千百年仍被人们传诵且影响着文学的发展。纵观整个文明的发展过程，也是数据资源流通、碰撞、激发的过程。流通特征为数据资源赋予了新的意义，数据资源不再局限于所有者的各自为政，而是开启了沟通传播的大门，方便了数据资源的交流和共享。

（三）继以求新

数据资源自数据产生起便不断累积、扩展，通过载体得以保存记录并流传下来，我们可以通过竹简、纸、磁盘等介质继承数据资源，这使我们在认知事物和世界时无须从零开始，而是在已有材料的基础上进行归纳和创新等研究和实践活动，生产新的数据资源或赋予新的时代意义，进而累积更多资源，达到持续传承的目的。

（四）社会依赖

数据资源作为一种社会资源，拥有社会属性，服务于社会和群众。数据资源的产生是在一定区域经济基础上，依赖于社会发展程度和感知对象，因此质量有所差异。反过来讲，在一定程度上，社会发展与数据资源也有着密切的关系，作为一种社会财富，数据资源的利用将直接或间接地影响着人类和社会的发展轨迹。

（五）开放共享

开放共享不仅是数据资源的重要特征，更是新时代对数据资源管理提出的需求；不仅需温故而知新，更要博采众长，激发数据资源的生命力。数据资源的产生不是相互独立的，单一的数据资源无法支撑起依靠数据驱动的企业运行和政府运作。数据资源的价值不只局限于自身所包含的信息，更依赖于数据资源之间的互通互联，以达到 $1+1 > 2$ 的效果。打破数据壁垒，拔掉数据烟囱，联通数据孤岛，安全整合数据资源，让数据资源得以流动和共同利用，才能推动经济和社会的发展，促进经济增长和社会治理由粗放型向精细型转变升级，加快智慧城市的建设进程。

（六）动态精准

数据资源不是静态的，随着互联网和物联网的应用推广，数据感知和获取每时每刻都在发生，数据处于动态的生成和变化中，这赋予了数据资源的时效性特征。静止的数据资源已经无法满足对现实世界的真实反馈，依赖于采集、传输和处理技术的进步，数据资源的动态特性得以展现。数据资源在时间维度上并不是永久有效的，其具有一定的生命周期，动态的产生机制不仅使数据资源能够及时反馈信息，同时支持对信息内容的更新，使数据资源始终维持新鲜的活力，保持精准的价值。在智慧城市的建设中，典型的动态数据资源得以利用，如道路、关口的视频监控数据，通过数据的实时获取、更新和联通，可对车辆进行全方位监控管理，保障道路交通的顺利运行和重点车辆的跟踪审查。

（七）领域广泛

数据资源的产生与自然进程和社会发展息息相关，其应用亦可反过来推进科学的进步和生产力的提高。数据资源在流转过程中覆盖的领域与人类文明相交织，从现实到虚拟、从传统行业到新兴产业，都是数据资源的立足之地。目前较典型的领域或行业包括金融、医疗、教育、民生、零售、交通、社交、传媒、生态、科研、军事等，可想而知，这些领域或行业在运维过程中时刻产生和使用着本领域和领域外的数据资源，也正由于数据资源所涉领域之广泛，才形成了一张数据资源的大网，联系着各行各业在数据生态中一同运转。

（八）类型多样

广泛的来源决定了数据资源类型的多样性，主要包括传统的文本、表格、多媒体以及空间数据等类型，单一类型不足以呈现所有的数据信息，多类型结合的表达方式让数据资源更加立体，能够承载包罗万象的内容。数据资源类型的多样使得数据结构不一，既存在结构化数据，也存在半结构化和非结构化数据，这对数据资源的存储和管理提出了更高的要求。

（九）体量庞大

数据资源是数据累积产生的，体量呈持续上升态势，计算机技术的发展和信息化时代的到来更是大大加快了数据产生的速度，大量的数据变得唾手可得。我们生活在一个充满数据的世界里，它以惊人的速度扩张，可能需要不时地拔掉电源线并休息一下，但数据永远不会休眠。

第二节　大数据概论

一、大数据定义

数据已经渗透到当今每一个行业和业务职能领域，成为重要的生产因素。人们对于海量数据的挖掘和运用，预示着新一波生产率增长和消费者盈余浪潮的到来。其实，"大数据"的概念在物理学、环境生态学、生物学等诸多领域以及在军事、金融、通信等行业早已存在，只是由于近些年来，互联网以及信息技术的发展才得以被广泛关注。各国政府、企业、相关机构也觉察到数据已成为组织最重要的资产之一，对数据的分析能力也正成为各组织之间的核心竞争力。随着大数据在各个领域的不断发展与应用，大数据的重要性得到了大家的一致认同，不过大数据目前仍没有一个权威的定义。

普通的计算机软件无法在可接受的时间范围内捕捉、管理、处理规模庞大的数据集。大数据是指其大小超出典型数据库软件的采集、存储、管理以及分析等能力的数据集。这个定义表明了两方面的含义：与大数据标准相符的数据集的大小是会随着时间、技术的进步而有所变化的；不同部门与大数据标准相符的数据集的大小是有差别的。大数据的一般范围是由几个 TB 到数个 PB 不等。由麦肯锡公司的定义能够看出，数据集的大小不是衡量大数据的唯一标准，数据规模的持续增长无法依靠传统数据库技术进行管理，是大数据的两个重要特征。

大数据（Big Data），或者巨量资料，是指相关的资料量的规模庞大，无法在合理时间内通过目前主流软件工具进行获取、管理、处理和整理，使之能够为企业经营决策提供可参考的帮助。"大数据"是一种由数量庞大、结构复杂、类型众多的数据集合而成的数据集，以云计算的数据处理和应用的模式为基础，对数据进行整合共享、交叉复用，从而形成智能资源以及知识服务的能力。

"大数据"需要增加新的处理模式才能具备更强的决策力、洞察力以及流程优化的能力，是集海量、高增长率与多样化于一体的信息资产。从数据的类别方面来看，"大数据"是指不能通过传统流程或者工具处理和分析的信息，即超出正常处理范围、大小，迫使用户选用非传统处理方法的数据集。大数据是任何超出一台计算机处理能力的海量数据集。大数据是最大的宣传技术、最时髦的技术，当这种现象出现时，定义就变得很混乱。

不过目前学术界、产业界已有共识：大数据的意义和必要性并不在于"大"，而在于其中蕴藏的巨大价值，这是大数据的核心问题，即怎么从大规模、种类繁多、快速生成的数据中挖掘潜在价值。对于企业而言，大数据是"金矿"还是"垃圾"，这取决于企业对自身所拥有的或者能够获得的数据资产是否了解，并且在此基础上是否能够建立清晰的大数据战略，在战略、运营与营销层面上获得一定的价值。然而如果大数据不能持续地产生价值也是没有意义的。最重要的是如何使用大数据，最大的挑战是运用哪些方法、技术可以更好地使用数据和大数据。大数据是集海量、高增长率以及多样化为一体的信息资产，需要采用新型的处理模式使其获得更强的决策力、洞察力以及优化流程的能力。

大数据分析与传统数据分析具有明显的区别，集中表现在以下三个方面：

（一）处理的数据不是随机样本，而是群体数据

在大数据时代，人们能够分析很多的数据，甚至能够处理与某个特别现象有关的全部数据，而不再依赖对传统数据进行随机取样处理。19 世纪以后，在面对巨量的数据时，人们更多地依赖采样分析。然而采样分析是在信息缺乏时代与信息流通受到限制的时代产生的。以前认为这是理所当然的限制，但高性能数字技术的流行让更多的人意识到，这其实是一种人为的限制。

大数据采用的是全数据模式，即"样本即总体"。"样本即总体"是通过大数据对数据进行深层次的探讨，然而采样不能达到这样的效果。高性能技术的出现使得采样的缺陷越来越难以忽视，而大数据的出现为弥补采样的不足提供了关键技术。如果条件允许，会尽可能地收集更多的数据，甚至收集所有的数据，这样能够准确地考察细节并且能够进行新的分析，在所有细微的层面上，可以采用大数据对事物的论证进行全新的假设。也正因为如此，研究人员发现了在相扑比赛中非法操纵比赛结果、流感传播的区域以及对抗癌症所需要针对的 DNA 片段。

值得思考的是，以"全体数据"替代"抽样数据"有如下含义：第一，这种替代得益于互联网、传感器设备与计算能力迅猛发展，以至于采用"全体数据"的处理时间大大缩短，存储计算成本大大降低；第二，这意味着由抽样数据发展而来的统计学算法将不再适用大数据时代的计算要求，或者说传统的统计学面临海量数据的冲击与挑战；第三，重视"全体数据"让占有数据资源变得越来越有商业价值，用抽样绕开数据壁垒的难度越来越大，对拥有数据平台资源的企业来说，拥有数据资产变得似乎比解决某一具体数据分析问题更有商业价值。

（二）不再沉迷精确性，而要对抗混杂性

在大数据时代，数据分析者不再热衷于追求精确度的极致。在传统数据分析时，由于分析的数据比较少，因此对于数据分析者的要求是尽量地精确量化所记录的数据。但是，随着数据规模的扩大，数据分析者对精确性的痴迷程度将减弱。需要有专业的数据库才能达到数据的精确性，对于小量的数据与特定的事情，可以达到较高的精确性，如一个人的银行账户能否有足够的钱开支票。然而，在大数据时代，大多数时候，只追求精确度还不够。当数据分析者拥有海量即时数据时，绝对的精准不再是数据分析者追求的主要目标。大数

据种类繁多、参差不齐，广泛地分布在全球众多的服务器上。拥有大数据，分析者不需要深究某一个单独的现象，只需要把握大局的发展。大数据的分析者也并没有完全放弃对精确度的研究，只是并没有沉溺于此，而是适当地忽略了微观上的精确度，使得数据分析者能够更好地在宏观层面有更深层次的洞察。

大幅增加的数据量会使结果变得不准确，同时，也会使有些错误的数据混入数据库里。然而，重点是通过努力来规避这些问题。数据分析者认为这些问题是可以避免的，并且也在学着接受它们。这就是由传统数据分析到大数据分析的重要转变之一。在不断出现的各种新的情况中，允许出现不精确的数据不是一个缺点，而是一个亮点。正是由于放宽了容错的标准，人们所掌握的数据也变得多了起来，并且可以运用这些数据产生更多新的事物。大量数据所具备的更大的优势，是能够创造出更多更好的结果。

值得思考的是，以"混杂性"替代"精准性"有如下含义：第一，复杂性不仅体现在数据类型多样的多元异构特性，更为重要的是，大数据要能够揭示规律、研判趋势；第二，由追求"精准"到容忍"混杂"，也意味着大数据的分析算法发生了根本变化。

（三）不再紧追因果关系，而是寻求相关关系

在大数据时代，人们可以减少对因果关系的探索。人类长久以来都致力于寻求因果关系。虽然确定因果关系比较困难并且用途不大，但是人类还是习惯地寻找缘由。在大数据时代，不需要紧紧盯着事物之间的因果关系，而是应该关注事物之间的相关关系，也可以从中提取一些新颖并且高价值的观点。相关关系有可能无法非常准确地解释某件事情发生的原因，但是可以知道事情正在发生。在很多情况下，这种提醒的帮助会特别大。比如，假设有数百万条的电子医疗记录数据显示，橙汁与阿司匹林之间的某种特定的组合能够治疗癌症，于是相较于此种治疗办法本身而言，寻找出特定的药理机制就显得没有那么重要了。在大数据时代，大数据提供了"是什么"而不是"为什么"，人们不需要知道某种现象背后的原因，只需让数据自身发声。另外，人们不需要在尚未收集到数据之前，就把分析建立在早已建立的少量的假设之上。让数据发声，大数据将展现很多以前人们从来没有意识到的联系的存在。

值得思考的是，以"相关关系"替代"因果关系"有如下含义：第一，寻求因果关系仍是人类的"天性"，人天生就希望在未知领域建立解释力，因此这种替代是相对的，不是绝对的，即在"相关关系"中发现价值规律，用"因果关系"试图解释，仍是大数据时代人们追求的解决方式；第二，遗憾的是，很有可能上述道路最终难以实现，当数据量非常大时，所研究的系统会极其复杂，混沌带来无序，"因果关系"很难建立，退而求其次的"相关关系"才是解决方案。

二、大数据方法论

对于目前大数据相关领域研究，可将其归纳为三条主线：第一条是从哲学角度探讨对大数据的认识；第二条是数据科学研究，主要是对大数据技术框架以及关键性技术的研发；第三条是大数据应用模式创新，主要是对商业智能以及分析领域的研究。

（一）主线 1：大数据的思维认知提升

大数据是思维的变革，在一定程度上反映了人类进入大数据时代后认识论将发生一些重大的改变，特别是在对数据的认识和基于数据的认识论方面。

大数据更适合于认识混沌规律和浮动规律。世界上万事万物的运行总是遵循着一定的规律的，即自然规律。人类认识的目的就在于认识世界万物的规律性。规律性可分为三种：第一种是恒常规律，比如日出日落、生老病死，并不存在异常现象；第二种是混沌规律，所有事物难以捉摸、无法确定；第三种是浮动规律，即有迹可循但是无法准确把握其内在规律。现实中，恒常规律和混沌规律极少出现，最常出现的一个规律就是浮动规律，可以用统计方法表现的规律属于这一类。大数据更适合用于研究混沌规律和浮动规律。对于混沌规律，需依靠全数据才能全面认识事物，对于浮动规律，则应采用适当多的数据，通过统计方法等认识事物。

大数据的理论基础是表现理论。无论事物存在着怎样复杂或隐秘的内在规律，只要这一事物存在或发生，它就一定会有所表现，也就是说它会表现出事物所拥有的特征。当数据总量比较小的时候，样本不能准确、完整地反映出一个事物，所以这样的样本不能满足表现理论，只能作为推演与预测。但是当数据的规模特别庞大时或在全数据的模式下，数据量超过了表现理论所需要的临界值时，就可以用大数据描述这个事物。具体地说，大数据更适合于因果关系很难建立的场景，特别是精确数学模型难以反映，而适合用统计规律反映的关联关系场景。

大数据更适合揭示事物之间的关联关系。事物间存在着因果关系和关联关系两种关系：一方面，精确的因果关系只需要较小的数据量；另一方面，对于有限样本的因果关系的分析，是一种在数据量较小时的无奈动作。关联关系往往是在数据量大到一定程度时才表现出来的，理想的情况是，如果能够收集到足够多的数据，而这些数据又能够很完整地把事物的关联关系描绘出来，这样最终的结论就变得显而易见。

（二）主线 2：数据科学研究与实践

第二条研究主线是对于数据科学的研究，主要是对于大数据技术框架和关键技术的研究。传统的 BI(Business Intelligence，商业智能) 分析了单个领域或者主题的数据，这使各种数据间有很大程度上的断层。然而大数据分析模式是一种总体视角上的改变，是综合关联性的分析，并从中发现潜在联系之间的相关性。注重相关性与关联性，并且不仅仅限于行业内部的因果关系，这是能源大数据应用和传统数据仓库与 BI 技术之间的一个关键性区别。国内外研究主要围绕着大数据特征展开，包括大数据的复杂性和计算模型的基础理论、大数据的感知与表示、内容建模与语义理解、大数据存储与架构体系四个层面。

1. 大数据的复杂性和计算模型

对于大数据的复杂性，前期研究集中在对网络上多种数据来源进行性质分析与规律上的探索，许多学者试图采用图论与统计等分析方法对数据进行定量的分析研究。目前的研究主要针对大数据及其学习的基础性理论、参数的估计方法、优化算法等相关方面，已经产生了一系列的研究成果，可以为大数据的高效计算提供相关的理论支持。

2. 大数据的感知与表示

爬虫是当前大数据感知和获取的基本技术，已得到迅速发展和广泛应用。为了有效地运用网络大数据，需要将异构、低质量的网络数据转变为统一结构的高质量数据，所以业界提出了很多数据抽取算法，用来应对大数据的异构性，采用扩展的传统数据集成技术对多个异构数据源进行数据集成，并且将过去的一些数据进行清洗且在数据质量等方面进行控制。同时，人们很早就认识到了大数据的两个重要特性——动态性与时效性，数据流与时间序列是表示处理数据的动态特性以及时效特性的主要应用技术。对于大数据的表示，主要方法是图模型和张量。

3. 大数据的内容建模与语义理解

由于大数据规模庞大、高维、异构和多元等，在大数据内容建模上，主要关注数据的实体、类别以及属性的提取和分析等相关方面。在语义理解上，作为语义的核心载体，语义网已得到实际应用，采用语义网研究语义理解，也逐步得到了学术界的关注。

4. 大数据的存储与架构体系

大数据虽然来源很广泛，但是其最基本的处理流程是相同的，是在适当工具的帮助下，对大量的异构数据源进行抽取和集成，对所获取的结果按照一定的标准进行统一存储，主要的处理模式可以分为流处理和批处理。经过多年的层次数据库和网状数据库的实践之后，研究人员发现数据库中的应用存在共性规律，进而建立了具有坚实理论基础的数据库模型。其中，大数据的重要研究目标之一是通过提出相似的关系型数据库的科学理论，指导日益增加的海量非结构化数据的存储和处理。但是，为处理复杂数据而诞生的可视化技术还只是一种艺术形式，而不是一种能简单操作的实用技术。从数据存储来看，由于数据规模、类型、模式及关系皆发生了改变，数据存储技术也发生了相应的变革。

大数据科学研究已呈现以下趋势：

其一，深入解析大数据的复杂性，构建高效的大数据计算模型，主要包括大数据复杂性规律发现、大数据复杂特征度量、大数据的计算模型构建。对于大数据复杂性规律的研究可以帮助理解大数据的复杂模式的本质性特征以及生成机理，即大数据的表征，以便获得更好的指示抽象，从而可以对大数据计算模型以及算法的设计进行相关指导。大数据的复杂特征度量主要为了解决大数据所带来的时空维度上复杂性计算的激增以及传统的数据计算模式的不可用方面的问题，从而建立面向大数据计算的数据复杂度理论研究和探索不依靠小规模样本的高效大数据计算模型与方法。大数据的计算模型构建主要解决大数据异构多模态、复杂关联、动态涌现等特点，使得传统的科学假设以及模型理论难以有效分析和预测大数据内在的规律及其蕴含的真实价值的问题。

其二，建立大数据准确高效的感知、融合与表示方法。应用大数据最关键的前提是数据感知与融合，并且能够对数据进行有效的表示。传统的数据管理技术，较为擅长处理结构统一、语义清楚以及质量可靠的结构化数据。但是对于多元异构、参差不齐、动态变化的大数据而言，如何感知与获得高质量的数据，并对其进行融合是一个很有挑战的研究工作。所以，需要在核心方法和技术层面上，围绕着大数据的可计算性以及新型计算方式的核心问题，在多源异构的大数据感知与获取、大数据的融合和质量的控制以及大数据的模型和张量等方面进行研究，发现对大数据准确高效的感知、融合以及表示的方法。

其三，研究大数据的特征模型、内容建模和语义理解。基于静态、浅层特征对数据建模的传统方法，已不能满足目前日益增多的对数据内容有着深层理解与计算应用的要求。大数据的出现为数据内容深层建模与语义理解提供了机遇。所以，需要在核心方法和技术层面上结合大数据的特征对其特征模型、内容建模与语义理解进行研究，从而实现对大数据内容的理解和其演变规律的把握，主要包括带时序的特征层次模型、大数据特征感知与内容建模、基于知识图谱的大数据特征语义理解。

其四，构建感知、存储和计算机相融合的大数据计算系统架构体系。大数据对计算系统提出了高性能、高可靠、可扩展以及低能耗等要求。因此，应该结合大数据价值稀疏性与访问局部性特点，将"大数据感知、存储与计算融合"作为指导思想，研究出针对能效优化的大数据发布存储以及处理的系统架构。同时，可对性能评价体系、分布式系统架构、在线数据处理、流式数据计算框架等方面进行研究。经过设计、实现和验证的迭代完善，最终目标是实现大数据计算系统的数据获取，高吞吐、低耗能的数据存储以及高效率的数据计算。其主要包括大数据计算基准测试程序及性能预测方法、感知、存储与计算融合的分布式系统架构。

（三）主线 3：大数据的应用模式创新

第三条研究主线是大数据的应用研究，主要集中在商业智能与分析领域。早在 20 世纪 50 年代，IBM 公司就提出了商业智能的概念，认为其是将企业中现有的数据转化为知识，帮助企业做出明智业务经营决策的工具。人们一般认为，所谓商业智能就是指那些能够帮助企业提高决策能力和运营能力的概念、方法、过程以及软件的集合，其主要目标是将企业所掌握的信息转换成竞争优势，提高企业决策能力、决策效率及决策准确性。

第三节　能源大数据的内涵

一、能源大数据的概念

大数据技术主要强调从海量的数据中快速获得有价值信息的能力，然而能源企业涉足大数据的主要目的是从海量的数据中高效率地获取数据，进行深入加工并且获得有用的数据。学术界与产业界对电力大数据的讨论较为充分。美国电力研究协会（EPRI）对大数据在电力行业的应用进行研判，随着智能终端设备的普及，基于大数据的分析应用有着广泛的前景，必然能为用户带来巨大的价值。同时，EPRI 也认为在开展应用之前，要做好大数据管理工作以及数据关联分析的准备工作。电气化生产带动了大工业制造的发展转型，一直延续整个 20 世纪。中国电机工程学会将电力大数据的特征概括为"3V"和"3E"。"3V"指大体量（Volume）、多类型（Variety）与快速度（Velocity），"3E"指数据即能量（Energy）、数据即交互（Exchange）、数据即共情（Empathy）。如果只在体量特征与技术上分析，能源大数据是指大数据在能源行业上的聚焦与子集。但是能源大数据更多的是在广义上的范畴，具有超越大数据的普适概念上的广泛性，有其他行业中无法替代的丰富含义。

作为国民经济的基础，能源大数据的变化态势在某种程度上决定着整个国民经济的发展方向。能源大数据不仅仅局限于能源行业内的数据，凡是能够为能源决策提供参考的任何行业数据、方法、技术和应用等都属于能源大数据范畴。

能源大数据涵盖了能源流、信息流、实物流与价值流的总和：一方面，对电力、石油、燃气等能源领域数据及人口、地理、气象等其他领域数据进行综合采集、处理、分析与应用，从而提升了能源行业发现问题、解决问题的能力；另一方面，能源大数据是大数据技术在能源相关领域中的深入应用，也将能源生产、消费的相关技术革命与大数据理念进行深入融合，加速推进了能源产业的发展以及商业模式的创新应用。

其作用如下：一是打破不同能源行业间的数据壁垒，数据范围涵盖能源领域全过程，实现电力、煤炭、石油、燃气、交通等单一能源生产与消费数据的集成；二是注重能源领域综合分析预测，对不同类型能源替代、消费行为特征、能源供需形势、能源企业经营趋势等问题进行综合预判，能够显著提高能源生产消费预测的准确性与及时性；三是注重能源领域商业模式创新，充分挖掘能源数据价值，从信息服务、数据分析等方面为智慧城市、智能电网、智能家居等领域提供新的盈利模式。

能源大数据的数据源按照类型可分为能量数据、运营数据、客户数据、社会数据（政策、制度、基础设施、交通等数据）、环境数据（天气、地理位置、自然资源等数据）等。

各类型数据交叉影响，比如，在能量数据和运营数据之间，能量数据是运营数据的基础，运营数据又为能量数据决策提供参考；再如，社会数据影响能源运营的规模和方向，同时又被能源运营消费情况所影响。

能量数据正在加速积累过程中。以智能电表为代表的测量设备正在加速部署过程中，电力数据的采集将实时化，智能电表逐渐实现对电力、热量、水、煤气数据的一体化采集，大量终端用能数据将得到汇集。未来，能量数据不仅是能源电力企业分析负荷曲线、加快生产技术革新的重要依据，还将为商业模式创新、社会经济分析提供有效支持。

运营数据的体量已达到 PB 级别。这些数据都将为企业监测运营状况、提升用户体验服务产品提供支持。因此，一方面，运营数据为企业综合研判能源供需形势、改进运营管理提供依据；另一方面，运营数据为企业开发市场、促进商业模式创新提供支撑。

客户数据是未来企业争夺的关键资源。以恒温器为代表的智能家居设备将促进能源消费数据的采集与应用，精细化、个性化的设备用能情况将得到实时采集，用户用能行为将得到有效计量。能源领域中的客户数据是大数据商业版图中的关键一环，在电商（阿里巴巴集团、京东）大数据、社交（微信、Facebook）大数据、交通（共享单车、滴滴打车）大数据相继得到广泛应用后，能源领域的客户数据的开发与应用必将产生 100 亿元级别甚至 1000 亿元以上的大型公司。

环境数据与社会数据使能源大数据的边界得以进一步的拓展，当能量数据、运营数据、客户数据与自然地理环境、人口经济与社会数据产生关联后，可以拓展和想象的空间无可估量。无人驾驶、空间利用、机器人、城市节能等领域都将是能源大数据大展拳脚的舞台。

二、能源大数据的基本特征

能源作为国民经济和世界发展的基础，既是一个物理学、化学、核技术层面上的概念，也是政治学、经济学、哲学和管理科学以及社会学等领域的问题，能源生态系统结构庞大而复杂，各环节无时无刻不在产生大量数据，从整个能源生态系统来看，能源大数据可谓规模宏大。伴随着能源企业信息化的快速进步与智能电力系统的全面建设，能源数据的快速增长也远远超过能源企业的预期范围，如在电力发电侧，电力生产自动化的控制程度也在不断提高，对于压力、流量与温度等相关指标提出了更高的监测精准度和频度，需要对海量的数据进行更高程度的采集处理；此外，提高一次采集频度可以使数据体量发生"指数级"的改变。全球对于能源方面的需求预计到 2050 年会翻一番，能源大数据体量更是"几何级"提升。

企业的根本目的是创造客户和创造需求。能源大数据与千家万户、厂矿企业紧密相连，推动了中国能源工业从"以能源生产为中心"变为"以客户为中心"，本质上是对能源用户的终极关怀，对能源用户的需求进行深度挖掘，建立与客户之间的情感联系，向广大的能源用户提供更优质、安全与可靠的服务。在能源行业价值的最大贡献中，中国能源工业也找到了不断变化和革新的动力源泉，共同发展进步，实现共赢。

与电力大数据相比，能源大数据的范围更广、影响更深远。借鉴电力大数据特征的描述，将能源大数据的特征描述为以下四个方面：

第一，能源大数据本身具有能量属性与特征。能源大数据将各类能源的采集、加工、运输、交易、使用等数据进行整合，能够直接影响能源生产与消费，并实现节能、降耗等功能。能源大数据具备无磨损、无消耗、无污染和易传输的特征，并且能够在使用中不断精炼与提升，在保障用户利益的前提下，无限发挥能源系统在各个环节的低能耗与可持续发展方面的作用。在能源大数据的使用中，也就是能源数据的释放过程，即通过能源大数据进行分析，达到节能目的，是对能源基础设施的最大投资。

第二，能源大数据对社会与其他产业发展具有基础支撑功能。能源是国民经济发展的基础，能源大数据的分析挖掘，对农业、工业、服务业的发展都具有重要的支持作用。能源包括风能、水能、生物能、热能等多种形式，每种能源形式都有一条完整的产业链；同时能源又是跨学科领域的概念，能源行业与社会人口、地理、气候等因素及其他各行业发展息息相关。因此，能源大数据的数据来源既具有内部跨界特点，又具有外部跨界特点。能源数据分散在能源各形态、各领域的各环节、各组织机构，数据结构也不尽相同。因此，能源大数据与各种类型的数据有关，包含结构化数据、半结构化数据与非结构化数据。伴随能源业中视频应用的持续增多，音视频等非结构化数据的占比也将进一步增多。同时，能源大数据应用中需要对行业内外的能源数据和天气数据等多个类型的数据进行大量的关联性分析，这些数据都导致了数据类型的增加，这也极大地提高了能源大数据的复杂性。

第三，能源大数据在能源及相关领域具有融合特征。能源大数据不仅促进能源数据内部（电力、煤炭、石油等）的数据融合与业务融合，还将社会人口、地理、气象等相关领域数据进行融合，使各种能源的发展更为协同有效。能源的生产、配置、消费数据具有强时效性，每时每刻的天气情况、地理环境以及社会环境都会对其产生特定影响，分析这些及时数据才具有即时的参考意义，过时后，即使分析出来也不会对我们的决策产生多大影响。因此，要求对能源数据采集、处理、分析的速度要快，这是能源大数据和传统的事后处理型的商业智能、数据挖掘之间的最大区别。

第四，能源大数据使能源生产与消费之间的交互作用增强。能源大数据通过智能化设备、移动终端等端口，增强了能源供给侧与消费侧的联系与互动，大大提高了能源传输、流动效率。能源大数据与国民社会经济有着广泛密切的联系，具有无法比拟的正外部性。它的价值不仅局限于能源工业内部，还能在整个国民经济的运行、社会进步和各行各业的创新发展等诸多方面得以体现，其发挥出更大价值的前提与关键是能源数据同行业外数据的相互交融与在这个基础上进行全方位的挖掘、分析与展现。这也能够有效地改善当前能源行业传输不足的行业短板，真正体现出能源流动性所带来的价值增长。

第三节　应用价值与潜力

一、创造价值的基础

随着信息通信技术的不断进步，数字化与信息化已渗入生活的方方面面。世界已经进入"数字摩尔时期"，全球的数据量每两年大概翻一倍。现如今，人类正在数据世界的一个重要历史爆发的边缘区，数据即资产（财富）的观念已经深入人心，大数据的应用也是大势所趋。国内咨询机构赛迪咨询顾问有限公司对数据资产的价值进行了剖析，并认为其是企业未来发展的命脉。

在能源行业中，数据量的增长也呈现出相似的趋势。从初始电力的生产自动化到20世纪80年代以财务电算化为主的管理信息化建设，再到近些年大规模的企业信息化建设，特别是随着全面进行下一代智能化的建设，以物联网与云计算为代表的新一代IT技术广泛应用于能源行业，能源数据资源也开始加速增长并且形成了一定的规模。

大数据应用强调从海量数据中快速提取有价值信息的能力，怎么从海量的数据中高效率地获得数据，对其进行有效的深加工，并且取得有用的数据，是能源企业研究大数据的目的。依靠大数据针对特定情况做出预见，在企业管理上，大数据意味着管理者通过洞悉数据来制定战略。将数据分析为信息，将信息提炼为知识，以知识指导决策和行动，即通过大数据获得提升洞察力的能力和价值。企业管理公司SAP（全球著名企业管理与协同化的商务服务解决方案的供应商）曾经做过一份调查，在所有行业中把最具竞争力的企业和最不具竞争力的企业进行比较，前者员工的洞察力的强度是后者的两倍。所以，强大的洞察力可以增加企业竞争的优势。

从技术创新的维度看，大数据、云计算、物联网、移动互联网等信息通信技术在电力领域的融合应用，将为信息赋予能源"智慧"提供重要的技术手段。从商业模式创新的维度看，互联网理念的融入将成为能源领域进一步拓展业务服务范围、提高服务用户水平、构建综合能源服务平台的重要基础。随着市场机制的日益健全，各类灵活多元的商业模式都将在能源领域里发展和应用，充分利用新的商业模式可促进能源系统效率效益的提升。

大数据将重塑能源系统。大数据将深刻影响能源系统。能源行业是国民经济和社会发展的基础，大数据正在影响能源行业，从增加清洁能源的供应、控制能源的消费与降低能耗，到推广绿色建筑与建设智能电网，能源大数据可以解决长期可持续发展所面临的相关能源问题。意大利电力公司、日产意大利与意大利技术研究院（IIT）联合推广V2G充电设施，在丹麦已建成首个纯商用V2G全球网络中心。该技术借助双向充放电管理，可实现电动汽车与电网的能量互动，局部范围内电能存储与电网互动技术已经不存在障碍，大范围互动技术仍有待研究。

能源大数据在三个领域发挥作用：第一，促进新产品开发；第二，使能源更"绿色"；第三，实现能源管理智能化。能源产业能够运用大数据对天然气或者其他能源购买量进行分析，对未来能源消费进行预测，管理能源用户，提升能源的利用效率以及降低能源的成本等。大数据和电网的结合可以组成智能电网，关系到从发电企业到最终用户的整个能源转换过程以及电力的输送，包括智能电网基础技术、大规模的新能源发电以及并网技术、智能输电网技术、智能配电网技术和智能用电技术等，是未来电网的发展方向，依托对能源大数据的分析，促进新产品开发。

例如，在电力行业中，能源大数据是电力企业深化应用、提高应用层次以及强化集团企业管控的重要技术手段。伴随着电力企业中的各类 IT 系统对业务流程的基本覆盖，所采集到的数据量也逐渐增长。电力行业所面对的问题也不仅是对数据的收集与存储，还有对数据信息进行相应的定量与统计，并挖掘出更有价值的信息。利用能源大数据能够对业务进行管理与分析，并将其加工成有用的数据，从而更加全面地掌控企业相关业务。在建设三大灾备中心的过程中，应该明确贯彻绿色的灾备中心理念。

二、提升经济价值

大数据的应用具有巨大的财务价值，然而中国的能源工业与厂矿企业密切相关，因此其产生的能源大数据的价值也很宝贵。能源数据与用电客户的密切相连，使得其能够对客户进行 360 度的精确定位，并且能够对区域经济走势实现精准还原和对能源设施的设计、生产与反馈进行指导。总而言之，有效应用能源大数据能够为行业内外提供高附加值的增值服务。

大数据技术能够为中国能源工业带来显著的财务价值，在企业内的应用也可以极大提升能源企业的运营效率与营收能力。此外，能源企业的基础设施广泛存在以及"天然联系千家万户"的特点，使得能源大数据的理念在全社会范围内受到广泛认可，其带来的规模化效应以及发展能源工业、加快传统能源设施行业的转型，对整个国家的经济与社会可持续发展均有重大的作用。

大数据已经成为全球 IT 支出的全新增长点，也吸引着越来越多的人与企业的关注。能源大数据扩展了能源产业的广度和深度，也为传统的企业带来了机遇和挑战。一方面，能源大数据可以对能源的供给、输送以及终端应用等环节实行有机地整合和"跨界"的应用，也为创新的商业模式和管理模式提供机遇；另一方面，能源大数据模糊了传统能源行业间的边界，也在不同程度上颠覆和挑战传统行业的自然垄断地位。

我国能源互联网建设将向纵深化发展，带动企业生产、运营、服务模式的转变。

（1）我国能源互联网是当前全球能源互联网建设的重点，智慧城市、智能用电、智能电网相互融合，将为政府、社会、客户提供全方位的服务体验。传统的班组专业设置、流程设置、客户关系设定面临深度优化调整的压力。以用户为中心的生产、运营、服务模式将成为公司未来管理的重心。

（2）随着全球能源互联网建设思路逐步清晰，全球资源配置、能量的跨时空转移将大幅提高能源利用效率。能量流的大幅度转移中，重要的是信息流的广域传播与实时交互。未来能源企业的基层部门承载着采集信息、处理信息的重要任务，特别是基础地理信息、风力、光照信息、经济、人口信息等。

三、再生能源产业

能源大数据可以在能源的勘测、生产、运输、消费等各个领域中成为创新的催化剂，能源供应链与信息链相互叠加，能够使各方更加透彻地了解上下游的行为以及变化，帮助彼此智慧协作，实现总体最优。

从产业侧看，在物理世界与虚拟世界的交融中，能源大数据发挥着关键性的作用，促进新硬件、云计算、物联网和移动互联等技术的高效协同发展，实现了企业内外部各个资源之间的互联，并且提供了多元化的价值服务，这也产生了大量的融合性的新业务、创新性的商业模式与混业经营的新业态，形成了以分享数据为基础、以洞察数据为驱动的新价值网络，从而促进传统产业的转型升级，并加快新兴产业的壮大。

从供应侧看，我国是世界第一大能源生产国，也是世界第一大能源消费国。在我国的能源产业发展中，以煤炭为主的化石能源占主要地位，而代表未来能源发展方向的风能、太阳能等新能源却处于从属、补充的地位，使得我国经济的发展受到能源供应的制约。中国煤炭产量虽然相较以前有一定的下降，但是仍然是我国能源供应最主要的能源品种；在其他能源品种里，原油的生产占比在稳定中有所降低，而天然气、一次电力和其他能源，同期占比呈现上升的态势。

从需求侧看，我国的节能减排取得了很大的进展，推动能源生产和消费革命，控制能源消费总量，加强节能降耗，支持节能低碳产业和新能源、可再生能源发展，确保国家能源安全。

能源行业发展的供需条件决定了能源产业的发展模式需要做出积极的改变，而借助互联网技术，大数据将深刻而广泛地重塑能源行业。通过大数据技术的应用，一方面，可以从需求侧降低全社会能耗水平；另一方面，可以从供给侧加速新能源开发以及相关技术的研究和应用，从而推动能源产业崛起。此外，从更为宏观的角度来看，能源大数据的采集与分析可以应用到一个更为宽泛的领域，通过宏观、中观以及微观等多层面的数据分析，可以更为有效地服务于国民经济发展、行业兴衰转型以及个体的决策，基于能源大数据的咨询管理行业的大幕正缓缓拉开。

四、工业革命的助推剂

能源大数据将促进能源管理智能化。能源产业能够利用大数据对天然气或其他能源的购买量进行合理分析，预测能源消费和管理能源用户，从而提高能源利用率，降低能源成本。大数据可以结合电网组成智能电网，涉及从发电企业到最终用户的整个能源转换过程与电力输送链，主要包括智能电网的基础性技术、大规模新能源发电与并网技术、智能输电技术、智能配电网技术和智能用电技术等，这是未来电网的发展方向之一。

我国政府已充分认识到大数据在推动工业发展方面发挥的重要作用。国务院相继印发《关于积极推进"互联网+"行动的指导意见》《关于运用大数据加强对市场主体服务和监管的若干意见》《促进大数据发展行动纲要》及《关于推进"互联网+"智慧能源发展的指导意见》等文件。当前我国产业结构的重型化格局仍在强化，随着煤、石油、天然气、电力等能源行业的发展，能源大数据将会持续增长和急速膨胀，其利用价值也将越来越大。能源大数据的应用将引起电力、IT业、建筑业、汽车业、新材料行业、通信行业等多个产业的重大变革和深度裂变，并催生出一系列新兴产业，继而带动工业的变革，助推新一轮工业革命的发展，实现经济的腾飞。

五、人类社会的变革力量

所谓市场经济，就是一个信息处理系统，因为大量独立个体的参与，通过竞争中的价格发现机制，把各种有限、当地化、碎片化的信息汇聚，达到有效配置资源并进行劳动分工的目的。能源大数据同样是一个复杂的"信息处理系统"，以能源大数据为基础的分工协作体系将为人类社会带来变革力量。

在社会发展领域，能源大数据提供了一个全新的洞察世界的方法与视角，可以全方位地改变人们生活、工作思维，对现有的社会秩序进行解构与重构，进而影响科学化和精细化的社会治理。

自工业革命以来，无论是人类历史发展进程，还是当今时代人们真实的体验与感受，都共同验证着一个不容置疑的事实，作为人类社会发展产物的科学技术日益成为人类社会发展的核心力量。能源大数据在促进生产力和生产效率大幅度提高的同时，不断影响和改变着人类社会的结构、观念和行为，并产生广泛而深刻的社会变革。

互联网技术拓展了大数据应用的空间，带动金融、零售、电力、石油和公共管理等众多领域逐渐从传统的产品及业务模式不断进行创新，从产品至上的理念转变为以人为本的理念，引导人们的生活习惯及生活方式逐渐改变。如以淘宝为代表的电商产业的兴起改变了人类的购物习惯及购物方式，使人们由线下购物转到线上购物，迫使银泰、苏宁、国美等传统企业向电商转型的同时，不断分析商品销售趋势、用户偏好等，以增强用户体验。

能源互联网也将拓展能源大数据对社会各方面的影响，如能源路由器作为能源互联网的关键设备，具备高度的可扩展性，通过对能源大数据的采集和处理，对能源的传输进行高效控制，将成为维持网络运行管理的能源互联网架构的核心部件。

能源大数据将会改变政府的治理架构与模式，促进国家治理方面的变革。在能源互联网的发展趋势下，能源大数据的发展和影响将远远超出能源行业本身。能源大数据能够对海量、动态、高增长、多元化和多样化的数据进行高速处理，以便快速获取有价值的信息、提升公共决策的能力。此外，提出数据主权，可以使政府、能源企业与个人的角色进行转变，在国家治理结构上，实现由政府的治理结构向多元共治结构进行转变、由封闭性的治理结构向开放型结构进行转变、由政府配置资源模式向市场配置资源模式方向转变。

随着云计算、物联网等技术的不断进步，能源大数据应用将渗透到人们社会生活的一切领域和各个角落。无论是能源使用、智能家居、智慧出行，还是自主创业、节能降耗、电能替代等，能源大数据将为每个人的生活提供便利，使人们的生活方式发生根本改变。

第二章 大数据平台技术架构

第一节 大数据平台技术

一、大数据技术的架构体系

首先对架构进行定义。架构规定了软件或者技术的高层划分及各部分间的交互，架构不仅能决定应用的发展，还同时对某一特定目标进行了界定。架构的优劣决定了业务应用系统的实施能力和发展空间，用一句通俗的话说就是"技术搭台，业务唱戏；架构搭台，应用唱戏"。

（一）数据集成

大数据时代，关于如何运用大数据创造大价值是非常重要的问题，尤其对于企业和事业单位用户而言，制定正确的大数据战略显得尤为重要。

首先，做好数据集成。收纳好大数据，还需要做数据集成工作。信息化之前主要关注的是系统集成或业务集成，近几年则更多关注数据集成。不论是系统还是业务，相对于数据都是比较浅显的层面，难以深入最核心层级，而数据集成则是在最底层的关键位置，更为趋近事物本源，从这一方面理解数据集成更优于系统集成和业务集成。

那么数据集成依靠的是什么来做集成呢？依托指标体系在做数据集成时，充分利用了顶层设计方法，并且严格遵循"第一性"原理，从核心目标开始自顶层向下逐层分解，同时更重视事实，而不是根据经验做假设，从数据自身的根本和源头去做集成，避免方向性迷失。数据一旦被集成存储到数据库中，就成为一种可以被无限重复利用的资源，使数据更能发挥它的价值。

其次，强化数据应用收纳。前面所做的集成工作并没有完全达到目的，大数据的重点是数据应用。数据应用有很多种，以往的传统应用如数据挖掘、数据仓库等。郭子龙认为，"数据挖掘往往会将我们引入一个歧途，更多地去注重发现隐藏的关系，也就是不确定性问题，从而忽略了更为重要的确定性问题或主要矛盾。我们应该把目光聚焦在核心问题上，而不是舍本逐末地仅仅关注一些边缘化的问题，千万不要丢了西瓜去捡芝麻"。换句话说，数据应用无处不在，我们应该充分考虑人与计算机在处理能力上的差异性，关注事物的主要矛盾，充分考虑在海量化的各类数据中，我们应该更关注哪些数据。

以上两大战略可以帮助企业更好地利用大数据创造价值，然而，可以利用的大数据战略，并不仅仅只有以上两种，可以根据企业的实际情况选择合适的大数据战略。

（二）数据分析

数据分析是指用适当的统计分析方法对收集来的大量数据进行分析，提取有用信息和形成结论并对数据加以详细研究和概括总结的过程。在实际应用中，数据分析可以帮助人们做出判断，以便采取适当行动。

当然，数据本身并没有任何价值，正是由于分析方法的存在使得原本毫无价值的数据大放异彩。

大数据分析通常包括如下五个基本方面：

1. 可视化分析（analytic visualizations）

不论是对数据分析专家还是普通用户，可视化都是最基本的工具，也是最基础的要求。可视化可以直观地展示数据，让数据自己说话，让观众听到结果。

2. 数据挖掘算法（data mining algorithms）

如果说可视化是给人看的，那么数据挖掘就是给机器看的。集群、分割、孤立点分析还有其他的算法让我们深入数据内部，挖掘其巨大的应用价值。这些算法不仅要处理大数据的量，同时还要关注处理大数据时的速度，提高整体效率。

3. 预测性分析能力（predictive analytic capabilities）

数据挖掘可以让操作人员更好地理解数据，而预测性分析可以让人们展开预测性判断，根据可视化分析和数据挖掘的结果更好地理解数据并加以运用。

4. 语义引擎（semantic engines）

当前面临的新的问题和境况是如何合理地处理复杂多样的非结构化数据，这就需要我们去寻找一系列新的工具来解析、提取、分析数据。而语义引擎的发现，就解决了这一问题，它被设计成能够从"文档"中智能地提取信息，从而更好地理解数据含义。

5. 数据质量和数据管理（data quality and master data management）

从管理层面开发的两项技术是数据质量和数据管理。它们是通过标准化的流程和工具对数据进行处理，从而可以保证得到一个预先定义好的高质量的分析结果。

（三）计算框架

1. 大数据查询计算模式

由于行业数据规模的增长已大大超过了传统的关系数据库的承载和处理能力，因此，需要尽快研究并提供面向大数据存储管理和查询分析的新的技术方法和系统，尤其要解决的关键问题是：在数据体量极大时，如何提高数据分析和处理效率，从而能够提供不间断、随时随地的数据查询分析能力，满足企业日常的经营管理需求。然而，大数据的查询分析处理具有很大的技术挑战，在数量规模较大时，即使采用分布式数据存储管理和并行化计算方法，仍然难以达到关系数据库处理中小规模数据时那样的秒级响应性能。

2. 批处理计算模式

提到大数据技术，首当其冲的就是大数据批处理的计算模式——MapReduce。MapReduce是一个单输入、两阶段（Map 和 Reduce）的数据处理过程。首先，MapReduce 对具有简单数据关系、易于划分的大规模数据采用"分而治之"的并行处理思想；其次，将大量重复的数据记录处理过程总结成 Map 和 Reduce 两个抽象的操作；最后，MapReduce 提供统一的并行计算框架，把并行计算所涉及的诸多系统层细节都交给计算框架去完成，减弱了操作员的负担，简化了并行设计的复杂程序。

MapReduce 的简单易用性使其成为目前大数据处理最为成功、最被广为接受的主流并行计算模式。在开源社区的努力下，开源的 Hadoop 系统是比较成熟的大数据处理平台，其中包含了众多数据处理工具和环境的完整的生态系统。目前国内外的众多著名 IT 企业都在使用 Hadoop 平台进行企业内大数据的计算处理。Spark 也是一个批处理系统，其性能比 Hadoop MapReduce 有很大的提升，但是其易用性目前仍不如 Hadoop MapReduce。

3. 流式计算模式

流式计算是一类具有高实时性特点的计算模式，需要对一定时间窗口内应用系统产生的新数据完成即时的计算分析和处理，目的是防止数据堆积和丢失。很多行业的大数据应用，如电信、电力、道路监控等，以及互联网行业的访问日志处理，都同时具有高流量的流式数据和大量积累的历史数据，所以流式计算能力在这些领域必须具备高实时性的处理要求。流式计算的一个特点是数据运动、运算不动，不同的运算节点常常绑定在不同的服务器上。

4. 迭代计算模式

Hadoop MapReduce 虽然优点众多，但还是存在缺陷，比如说难以支持迭代计算的缺陷，所以业界和学术界对 Hadoop MapReduce 进行了不少改进研究。HaLoop 把迭代控制放到 MapReduce 作业执行的框架内部，并通过循环敏感的调度器保证前次迭代的 Reduce 输出和本次迭代的 Map 输入数据在同一台物理机上，以减少迭代期间的数据传输开销；iMapReduce 在这个基础上保持 Map 和 Reduce 任务的持久性，规避启动和调度开销；而 Twister 在前两者的基础上进一步引入了可缓存的 Map 和 Reduce 对象，利用内存计算和 pub/sub 网络进行跨节点数据传输。

目前来说，UC Berkeley AMPLab 的 Spark 系统是能够克服这些缺陷，进行稳定迭代计算控制的数据系统，其采用了基于分布式内存的弹性数据集模型实现快速的迭代计算。

（四）数据存储

以普通 x86 服务器为存储介质，通过对象存储技术、并行访问技术、Scale-out 横向扩展技术和单一组网为特征的新型分布式存储架构得到迅猛发展。首先，分布式存储系统将大量节点组织成统一系统，提供增删节点的能力，大大增加了系统可扩展性。其次，将数据分片打散到系统内多个节点的硬盘上，分布式存储的可靠性大大提升。最后，每个存储节点上都提供服务的能力，提升了性能，减少了瓶颈点的发生。

分布式存储，在业界有代表性的产品是华为的 OceanStor 9000 存储。OceanStor 9000 大数据存储系统是华为推出的全对称架构的分布式存储系统，在业界以领先的卓越性能、大规模横向扩展能力和超大单一文件系统著称。

在容量和扩展性方面，OceanStor 9000 采用全对称结构，将整个系统的所有节点的存储容量组成一个大的虚拟存储池，元数据和数据保存在每个节点上，每个节点都是元数据服务器。同时也是数据服务器，保障了系统的扩展性。

在性能方面，为实现数据保护和高性能读写，OceanStor 9000 对数据进行按节点条带化处理，读写数据时文件系统将用户的数据平均分布在各节点上，保障了系统的性能。OceanSlor 9000 支持全局缓存功能，在高性能计算应用场景，根据业务对数据的访问模型进行预测，提前将预计即将被访问的文件或某些目录中的所有文件存储到系统的全局缓存中，从而提高应用获取数据的效率。

在可靠性方面，OceanStor 9000 的数据保护技术，是建立在分布式、节点间冗余的基础上的。数据进入系统之后，首先被切分为 N 个数据条带，然后计算出 M 个冗余条带，并最终保存在 N+M 个不同的节点中。由于同一条带的数据保存在不同节点中，所以 OceanStor 9000 存储系统中的数据不仅能支持硬盘级的故障，而且能够支持节点级的故障，保证数据不丢失。只要系统中同时故障的节点数不超过 M，系统就可以持续提供服务。通过数据重构过程，系统可以恢复损坏的数据，恢复整体系统的数据可靠性。

除此之外，OceanStor 9000 还支持灵活的负载均衡功能，可以根据当前 CPU 利用率、当前内存利用率、当前网络吞吐量、当前客户端连接数等信息，让每个节点均对外承担服务。

二、大数据平台

（一）大数据技术平台

1.Hadoop

Hadoop 是一个开源的框架，其对大数据的处理方法是能够编写和运行分布式应用。

Hadoop 与众不同之处在于以下几点：方便——Hadoop 运行在由一般商用机器构成的大型集群上，或者云计算服务之上；健壮——Hadoop 致力于在一般商用硬件上运行，其架构假设硬件会频繁失效；可扩展——Hadoop 通过增加集群节点，可以线性地扩展以处理更大的数据集；简单——Hadoop 运行用户可以快速编写出高效的并行代码。

Hadoop 的主要功能，是提供了海量数据的分布式存储与处理的框架。基于服务器本地的计算与存储资源，Hadoop 集群可以扩展到上千台服务器。同时，考虑了硬件设备的不稳定和不可靠因素，能够在软件层面提供数据和计算的高可靠保证。

在一个需要多台机器支撑的数据库中，"任务"往往是被预先设定完备的：所有的数据都存储在一个或多个机器之中，而数据处理软件都由另一个或一群服务器掌控。

而在 Hadoop 群组中，HDFS 和 MapReduce 系统遍布每台机器的各个角落。这样做有两个好处：一是即使群组中的一台服务器宕机，整个系统仍然可以正常运行；二是它将数据存储和数据处理系统放在一起，可以提高数据检索的速度。

当 MapReduce 收到一条信息查询指令，两个"工具"来进行实时处理。一个是"工作追踪器"（job tracker），位于 Hadoop 主节点上；另一个是位于 Hadoop 每一个网络节点上的"任务追踪器"（task tracker）。

其最大的处理特点是线性处理，表现为：首先，通过运行 Map 函数，工作追踪器将运算工作分拆成有明确定义的模块，并将其传送到任务追踪器中（任务追踪器位于存有所需数据的群组机器里）。其次，通过运行 Reduced 函数，同之前定义相对应的精确数据以及从群组中的其他机器找到的所需数据，被传回到 Hadoop 群组的中央节点。

HDFS 的分布方式和上面讲的方法非常相似。单一的主节点在群组服务器中追踪数据的位置。主节点也被称为数据节点，数据就存储在数据节点中的数据块上。HDFS 对数据块进行复制，通常的复制单位是 128MB，然后复制数据并且分散到群组里的每一个节点中。

这种分布式"风格"使 Hadoop 具有另一大特点：由于它的数据和处理系统都被放在群组中的同一个服务器中，在这种情况下，当群组每增加一台机器时，整个系统硬件空间和运算能力就提升了相应的一个等级。

2. 分布式数据库

分布式数据库（massive parallel processing，MPP）是海量并行处理结构的简称。新型 MPP 数据库主要构建在 x86 平台上，为无共享架构（share nothing），依靠软件架构上的创新和数据多副本机制，实现系统的高可用性和可扩展性。负责深度分析、复杂查询、KPI 计算、数据挖掘以及多变的自助分析应用等，支持 P8 级的数据存储。

同时新型 MPP 有以下特点：基于开放平台 x86 服务器；大规模的并发处理能力；无单点故障，可线性扩展；多副本机制保证数据安全；支持 P8 级的数据量；支持 SQL，开放灵活。

其实 MPP 架构的关系型数据库与 Hadoop 的理论基础是极其相似的，都是将运算分布到节点中独立运算后进行结果合并。区别仅仅在于前者运行的是 SQL，后者底层处理则是 MapReduce 程序。

但是我们会经常获取一些关于 MPP 的信息，虽说是对外宣称，其交互能力可以横向扩展 Scale-out，但是这种扩展一般只能达到 100 左右，而 Hadoop 一般可以扩展 1000+，这也是经常被大家拿来区分这两种技术的一个说辞。

这是为什么呢？如果从 CAP 理论上来发掘，因为 MPP 始终还是数据库，首先，一定要考虑一致性（consistency），其次，考虑可用性（availability），最后，才在可能的情况下尽量做好分区容错性（partition-tolerance）。而 Hadoop 的数据都以文件存储，为了并行处理和存储设计的。所以首先考虑的是 P，然后是 A，最后再考虑 C。所以后者的可扩展性当然好于前者。

以下几个方面制约了 MPP 的扩展：

高可用：MPP 是通过 Hash 计算来确定数据行所在的物理机器（而 Hadoop 无须此操作），对存储位置的不透明导致 MPP 的高可用很难操作。

并行任务：数据是按照 Hash 来切分的，但是没有任务。每个任务，无论大小都要到每个节点去走一圈。

文件系统：数据切分了，但是文件数没有变少，每个表在每个节点上一定有一个到多个文件。同样节点数越多，存储的表就越多，导致每个文件系统有上万甚至更多个文件。

网络瓶颈：MPP 强调对等的网络，点对点的连接也消耗了大量的网络带宽，限制了网络上的线性扩展（想象一台机器可能要给 1 000 台机器发送信息）。更多的节点并没有提供更高的网络带宽，从而导致每个组节点间平均带宽降低。

其他关系数据库的枷锁，如锁、日志、权限、管理节点瓶颈等均限制了 MPP 规模的扩大。但是 MPP 有对 SQL 的完全兼容和一些事务处理功能，对于用户来说，在实际的使用场景中，如果数据扩展需求不是特别大，需要的处理节点不多，数据都是结构化数据，习惯使用传统 RDBMS 很多特性的场景，可以考虑 MPP，如 Greenplum/Gbase 等。

（二）平台特点

大数据平台有助于提升现网分析能力。基于 Hadoop 构建的大数据用户行为分析系统提供了一系列整体式解决方案，如核心的分布式云存储、分布式并行计算、分布式数据仓库、分布式数据库；除此之外，还提供了基础的云存储和云计算的能力，基于该技术框架可进行应用的扩展和衍生；基于用户互联网访问行为分析结果，形成详细的用户兴趣爱好列表，可进行即时、精准的广告投放。

1. 数据分级存储

数据生命周期中在线数据对高性能存储的需求，以及随着数据生命周期的变更，逐渐向一般性能存储的迁移，是分级存储管理的一条主线。同时考虑其他分级原则，共同影响数据迁移机制。数据融合与分级存储实施，是将核心模型（中度汇总的模型）通过改造融入现有主数据仓库的核心模型中，减少数据冗余，提升数据质量。将主数据仓库中的历史数据和清单数据迁移到低成本分布式数据库,减轻主数据仓库的计算与存储压力并支撑深度数据分析。

2. 数据分层

一个大数据系统是具有层状结构的。层状结构可划分成三层,即基础设施层、计算层以及应用层。各层的功能如下:

基础设施层包括 ICT 资源,它可以通过云计算和虚拟化技术实现。在该层次中,资源必须合理分配以满足大数据的需求,同时实现资源利用效率最大化,既要有节能意识,也需要简化操作。

计算层是中间层,用来运行原始的 ICT 资源和封装各种数据,包括数据集成、数据管理和编程模型。数据集成将数据源不同的数据和数据集整合成统一的形式,提供必要的数据预处理操作。数据管理是指提供持久的数据存储和高效的管理,如分布式文件系统、SQL 和 NoSQL 等数据存储工具。编程模型则利用抽象的应用程序逻辑,便于数据分析。Dryad、Pregel 和 Dremel 就是常见的编程模型。

应用层利用计算层提供的编程模型来实现各种数据分析功能,包括查询、统计分析、聚类和分类界面。然后是信息子层,包括报表数据、多维数据、指标库等数据,这些数据都来源于汇总层。汇总层是主题域之间进行关联、汇总计算、汇总数据服务于信息子层,目的是节约信息子层数据计算成本和计算时间。还有一层是轻度汇总层,它是在主题域内部基于明细层数据,进行多维度的、用户级的汇总。而明细数据层的关键核心是主题域内部进行拆分、关联,是按照主题域划分规则对 ODS 操作型数据进行的拆分及合并。最后是 ODS(操作型数据存储)层,数据来源于各生产系统,通过 ETL 工具对接口文件数据进行编码替换和数据清洗转换,不做关联操作,未来也可用于准实时数据查询。

3. 数据处理流程

先是源数据导入 ETL,进行数据的清洗、转换和入库;然后是基础数据加载到主数据仓库;清洗、转换后的 ODS 加载到分布式数据库,在分布式数据库内完成明细数据和轻度汇总数据加工生成;ODS 数据和非结构化数据,如用网络爬虫爬到的网页数据 ftp 到 Hadoop 平台做长久保存;非结构化数据分析处理在 Hadoop 平台完成,产生的结果加载到分布式数据库;生成 KPI 和高度汇总数据加载到主数据仓库;业务应用通过数据访问接口获取所需求数据。

三、数据处理

大数据环节下的数据来源非常多,而且类型也有很多花样。存储和数据处理的需求量很大,对于数据展现的要求也非常高,并且很看重数据处理的高效性和可用性。

对比传统的数据采集方式,其数据来源单一,且存储、管理和分析数据量也相对较小,大多采用关系型数据库和并行数据仓库的方法就能进行分析。传统的并行数据库技术追求高度一致性和容错性，对依靠并行计算提升数据处理速度方面而言比较落后，根据经典的CAP理论，难以保证其可用性和拓展性。

传统的大数据处理方法是以处理器为中心。而在当下大数据所处的客观环境之中，需要利用的模式是一切以数据为核心，减少因数据移动而带来的开销。因此，传统的数据处理方法，已经不能适应当代大数据处理和分析的需求。

（一）HDFS

1. 定义

HDFS全称是Hadoop Distribute File System，是一个能运行在普通商用硬件上的分布式文件系统。它具有的显著特点：HDFS是一个高容错系统，并且能运行在各种低成本硬件上；提供高吞吐量，适合于存储大数据集；能够提供流式数据访问机制。HDFS是一种类似于GFS的分布式文件系统，提供了高时效性和高效率的文件读写访问。并且Hadoop是一个由Apache基金会所开发的分布式系统基础架构。用户可以在不了解分布式底层细节的情况下，开发分布式程序。充分利用集群的威力进行高速运算和存储，能够大大提高运行和计算效率。

HDFS设计假设硬件异常是常态。在数据中心，硬件异常应被视作常态而非异常态。在一个大数据环境下，HDFS集群由大量物理机器构成，每台机器由很多硬件组成，因为某个组件出错而导致整个系统出错的概率是很高的，因此，HDFS架构的一个核心设计目标就是能够快速检测硬件失效，并快速从失效中找到解决方法，逐步恢复工作。在HDFS集群上运行的应用需要流式访问数据集，HDFS设计更适用于批处理而非交互式处理，因此，在架构设计时更加强调高吞吐量而非低延迟。

2. 特点

一是大数据采集。假定HDFS的典型文件大小是GB甚至TB大小的，HDFS设计重点是支持大文件，支持通过机器数量扩展以支持更大的集群。

二是简单一致性模型。HDFS提供的访问模型是一次写入多次读取的模型。写入后文件保持原样不动，简化了数据一致性模型，并且对应用来说，它能得到更高的吞吐量。同时也支持文件追加。

三是移动计算比移动数据代价更低。HDFS利用了计算机系统的数据本地化原理，认为数据离CPU越近，性能越高。HDFS提供接口让应用感知数据的物理存储位置。

四是异构软硬件平台兼容。HDFS被设计成能方便地从一个平台迁移到另外一个平台。

3. 应用

（1）顺序访问。比如提供流媒体服务等大文件存储场景。

（2）大文件全量访问。比如OLAP等要求对海量数据进行全量访问。

（3）整体预算有限。想利用分布式计算的便利，又没有足够的预算购买 HPC、高性能小型机等场景。

在如下场景其性能不尽如人意：低延迟数据访问意味着快速数据定位，比如 10 ms 级别响应，系统若忙于响应此类要求，则有悖于快速返回大量数据的假设；大量小文件：大量小文件将占用大量的文件块造成较大的浪费以及对元数据是个严峻的挑战；多用户并发写入：并发写入违背数据一致性模型，数据可能不一致；实时更新：HDFS 支持 append，实时更新会降低数据吞吐以及增加维护数据一致的代价。

4. 数据组织

HDFS 的数据组织分成两部分进行理解，首先是 NameNode 部分，其次是 DataNode 数据部分。

NameNode 提供文件元数据，访问日志等属性的存储、操作功能。文件的基础信息等存放在 NameNode 当中，采用集中式存储方案。DataNode 提供文件内容的存储、操作功能。文件数据块本身存储在不同的 DataNode 当中，DataNode 可以分布在不同机架。

HDFS 的 Client 会分别访问 NameNode 和 DataNode 以获取文件的元信息以及内容。HDFS 集群的 Client 将直接访问 NameNode 和 DataNode，相关数据直接从 NameNode 或者 DataNode 传送到客户端。

基于 Yarn 架构的 HDFS 中，NameNode 采取主从式设计，主机主要负责客户端访问元数据的要求，以及存储块信息。从机主要负责对主机进行实时备份，同时定期将用户操作记录以及文件记录归并到块存储设备，并将其回写到主机。当主机失效时，从机接管主机所有的工作。

DataNode 负责存储真正的数据。DataNode 中文件以数据块为基础单位，数据块大小固定。在整个集群中，同一个数据块将被保存多份，分别存储在不同的 DataNode 当中。其中数据块大小、副本个数由 hadoop 的配置文件参数确定。数据块大小、副本个数在集群启动后可以修改，修改后的参数重启之后生效，不影响现有的文件。DataNode 启动之后会扫描本地文件系统中的物理块个数，并将对应的数据块信息汇报给 NameNode。

5. 数据访问机制

HDFS 的文件访问机制为流式访问机制，即通过 API 打开文件的某个数据块之后，可以顺序读取或者写入某个文件，不可以指定读取文件然后进行文件操作。由于 HDFS 中存在多个角色，且对应应用场景主要为一次写入多次读取，因此其读和写的方式有较大不同。读写操作都由客户端发起，并且进行整个流程的控制，服务器角色（NameNode 和 DataNode）都是被动式响应。

（二）HBase

1. 定义

HBase 是一种与 BigTable 类似的分布式并行数据库系统，可以提供海量数据的存储和读写，而且兼容各种结构化或非结构化数据。作为一款优秀的非内存数据库，HBase 和传统数据库一样提供了事务的概念，只是 HBase 的事务是行级事务，能够确保行级数据的原子性、一致性、隔离性以及持久性，即通常所说的 ACID 特性。

2. 特点

HBase 作为一个典型的 NoSQL 数据库，可以通过行键（rowkey）检索数据，但是仅能支持单行事务，主要利用在存储非结构化和半结构化的松散数据方面。与 Hadoop 相同的特点是，HBase 设计目标也主要是依靠横向扩展，通过不断增加廉价的商用服务器来增强目标的计算和存储能力。

"典型"代表着 HBase 有不少特性，这些特性标志着 HBase 的特立独行、与众不同，同时其良好的出身和特性也奠定了其在大数据处理领域的地位。

（1）容量巨大

HBase 的单表可以有百亿行、百万列，数据矩阵横向和纵向两个维度所支持的数据量级都非常具有弹性。以往较早开发的关系型数据库，如 Oracle 和 MySQL 等，如果数据记录在亿级别，其查询和写入的性能都会呈指数级下降，所以更大的数据量级对传统数据库来讲是一种灾难。而 HBase 对于存储百亿、千亿甚至更多的数据都不存在任何问题。

对于高维数据，百万量级的列没有任何问题。有的读者可能关心更加多的列：千万和亿级别，这种非常特殊的应用场景，并不是说 HBase 不支持，而是这种情况下访问单个 Rowkey 可能造成访问超时，如果限定某个列则不会出现这种问题。

（2）面向列

HBase 是面向列的存储和权限控制，并支持列独立检索。什么是列存储？下面做一下简单介绍。列存储不同于传统的关系型数据库，其数据在表中是按某列存储的，这样在只需要查询少数几个字段的时候，能为存储设计更好的压缩和解压算法。

列式存储不但解决了数据稀疏性问题，最大限度地节省存储开销，而且在查询发生时，仅检索查询涉及的列，能够大量降低磁盘读写。这些特性也支撑 HBase 能够保证一定的读写性能。

（3）稀疏性

在大多数情况下，采用传统方式存储的数据往往是稀疏的，即存在大量内容为空（NULL）的列，而这些列都是占用存储空间的，这就造成了存储空间的浪费。对于 HBase 来讲，内容为空的列并不占用存储空间，因此，表可以设计得非常稀疏。

（4）扩展性

HBase 底层文件存储依赖 HDFS，从"基因"上决定了其具备可扩展性。这种遗传的可扩展性就如同 OOP 中的继承，"父类"HDFS 的扩展性遗传到 HBase 框架中。这是最底层的关键点。同时，HBase 的 Region 和 RegionServer 的概念对应的数据可以分区，分区后数据可以位于不同的机器上，所以在 HBase 核心架构层面也具备可扩展性。HBase 的扩展性是热扩展，在不停止现有服务的前提下，可以随时添加或者减少节点。

（5）高可靠性

HBase 提供 WAL 和 Replication 机制。前者保证了数据写入时不会因集群异常而导致写入数据的丢失；后者保证了在集群出现严重问题时，数据不会发生丢失或者损坏。而且HBase 底层使用 HDFS，HDFS 本身的副本机制很大程度上保证了 HBase 的高可靠性。同时，协同服务的 Zookeeper 组件，是经过工业验证的，具备高可用性和高可靠性。

（6）高性能

底层的 LSM 数据结构和 Rowkey 有序排列等架构上的独特设计，使得 HBase 具备非常高的写入性能。Region 划分、索引和缓存使得 HBase 在海量数据下具备一定的随机读取性能，该性能针对 Rowkey 的查询能够做到毫秒级别。同时，HBase 对于高并发的场景也具备很好的适应能力。该特性也是业界众多公司选取 HBase 作为存储数据库非常重要的原因之一。

3. 应用

HBase 是一个分布式的存储系统，可以很容易在廉价 PC 上搭建其大规模存储系统，用于存储海量数据，这使得 HBase 适合作为站点数据统计工具的存储系统。

（1）对于实时数据的统计，HBase 能够提供较低延迟的读写访问，承受高并发的访问请求；而对于历史数据的统计，HBase 则可以被视为一个巨大的 key-value 存储系统，用于存储各个网站上历史的访问信息，用于做离线数据分析与报表生成。

（2）对于像 PV、UV、IP 这样需要求累加计算的操作（求 SUM/AVG），由于要对HBase 表中相关记录进行扫描求和计算，所以如果被统计站点的数据量很大，那么使用HBase 来做可能会保证不了很快的响应速度，也就是说，从前端发出一个查询请求到最终结果的响应，时间会比较长（超过 1 秒或更长）。

（3）对于像站点访客流水信息这样的实时数据展示，则比较适合使用 HBase 来做，只需设计合理的 key，那么根据 key 获取单条访问记录时响应速度会很快。

（三）Hive

1. 定义

Hive 是一种基于 Hadoop 的大数据分布式数据仓库引擎，它使用 SQL 语言对海量数据信息进行统计分析、查询等操作，并且将数据存储在相应的分布式数据库或分布式文件系统中。Hive 是建立在 Hadoop 上的数据仓库基础构架。它提供了一系列的工具，可以用来进行数据提取转化加载（ETL），这是一种可以存储、查询和分析存储在 Hadoop 中的大规模数据机制。Hive 定义了简单的类 SQL 查询语言，称为 HQL，它允许熟悉 SQL 的用户查询数据。同时，这个语言也允许熟悉 MapReduce 的开发者开发自定义的 mapper 和reducer 来处理内建的 mapper 和 reducer 无法完成的复杂的分析工作。

2. 特点

Hive 是一种底层封装了 Hadoop 的数据仓库处理工具，使用类 SQL 的 HiveQL 语言实现数据查询，所有 Hive 的数据都存储在 Hadoop 兼容的文件系统（例如，Amazon S3 、HDFS）中。Hive 在加载数据过程中不会对数据进行任何修改，只是将数据移动到 HDFS 中 Hive 设定的目录下。因此，Hive 不支持对数据的改写和添加，所有的数据都是在加载的时候确定的。Hive 的设计特点有如下六点：

一是支持索引，加快数据查询；

二是没有专门的数据存储格式，也没有为数据建立索引，用户可以非常自由地组织 Hive 中的表，只需要在创建表的时候告诉 Hive 数据中的列分隔符和行分隔符，Hive 就可以解析数据；

三是将元数据保存在关系数据库中，大大减少了在查询过程中执行语义检查的时间；

四是可以直接使用存储在 Hadoop 文件系统中的数据；

五是内置大量用户函数 UDF 来操作时间、字符串和其他的数据挖掘工具，支持用户扩展 UDF 函数来完成内置函数无法实现的操作；

六是使用类 SQL 的查询方式，将 SQL 查询转换为 MapReduce 的任务在 Hadoop 集群上执行。

3. 应用

Hive 构建在基于静态批处理的 Hadoop 之上，Hadoop 通常都有较高的延迟，并且在作业提交和调度的时候耗费大量的开销，因此，Hive 并不能够在大规模数据集上实现低延迟快速的查询。例如，Hive 在几百兆字节的数据集上执行查询一般有分钟级的时间延迟。因此，Hive 并不适合那些需要低延迟的应用。例如，联机事务处理（OLTP）。Hive 查询操作过程严格遵守 Hadoop MapReduce 的作业执行模型，Hive 将用户的 HiveQL 语句通过解释器转换为 MapReduce 作业提交到 Hadoop 集群上，Hadoop 监控作业执行过程，然后返回作业执行结果给用户。Hive 并非为联机事务处理而设计，Hive 并不提供实时的查询和基于行级的数据更新操作。Hive 的最佳使用场合是大数据集的批处理作业，例如网络日志分析。

（四）Zookeeper

1. 定义

Zookeeper 是分布式系统的可靠协调系统，可以提供包括配置维护、名字服务、分布式同步、组服务等在内的相关功能，封装好复杂易出错的关键服务，将简单易用的接口和性能高效、功能稳定的系统提供给使用蜂箱（Hive）、小猪（Pig）的管理员，Apache HBase 和 Apache Solr 以及 LinkedIn sensei 等项目中都用到了 Zookeeper。Zookeeper 是一个开放源码的分布式应用程序协调服务，它是以 Fast Paxos 算法为基础，实现同步服务、配置维护和命名服务等分布式应用。

2. 特点

首先，Zookeeper 加强集群稳定性。Zookeeper 通过一种和文件系统很像的层级命名空间来让分布式进程互相协同工作。这些命名空间由一系列数据寄存器组成，这些数据寄存器也可以称为 znodes。数据寄存器有点像文件系统中的文件和文件夹。和文件系统不一样的是，文件系统的文件是存储在存储区上的，而 Zookeeper 的数据是存储在内存上的。这就意味着 Zookeeper 有着高吞吐和低延迟的特点。Zookeeper 实现了高性能、高可靠性和有序的访问。高性能保证了 Zookeeper 能应用在大型的分布式系统上。高可靠性保证它不会由于单一节点的故障而造成任何问题。有序的访问能保证客户端可以实现较为复杂的同步操作。

其次，Zookeeper 具有能够加强集群持续性的特点。组成 Zookeeper 的各个服务器必须能互通交流。它们在内存中保存了服务器状态，也保存了操作的日志，并且持久化快照。只要大多数的服务器能够顺利运转，那么 Zookeeper 就是可以利用的。客户端连接到一个 Zookeeper 服务器，维持 TCP 连接，通过该连接发送请求、获取回复、获取事件，并且发送连接信号。如果这个 TCP 连接断掉了，那么客户端可以连接另外一个服务器。

再次，Zookeeper 确保了集群的有序性规则。Zookeeper 使用数字来对每一个更新进行标记。这样能保证 Zookeeper 交互的有序性。后续的操作可以根据这个顺序实现诸如同步操作这样更高级、更抽象的服务。

最后，Zookeeper 能够使集群更加高效，运作效率更高。Zookeeper 的高效表现在以读为主的系统上。Zookeeper 可以在千台服务器组成的读写比例大约为 10 ∶ 1 的分布系统上表现优异；同时，Zookeeper 命名空间的结构和文件系统很像。一个名字和文件一样使用的路径表现，Zookeeper 的每个节点都被路径唯一标识。

具体来说，Zookeeper 在 Hadoop 及 HBase 中可起到的关键作用是：Hadoop 使用 Zookeeper 的事件处理确保整个集群只有一个 NameNode、存储配置信息等；HBase 使用 Zookeeper 的事件处理确保整个集群只有一个 HMaster、察觉 HRegionServer 联机和宕机、存储访问控制列表等；Hbase regionserver 向 Zookeeper 注册，提供 HBase regionserver 状态信息（是否在线）；HMaster 启动时会将 HBase 系统表 -ROOT- 加载到 Zookeeper cluster，通过 Zookeeper cluster 可以获取当前系统表。

3. 应用

一是统一命名服务。有一组服务器向客户端提供某种服务（例如，使用 LVS 技术构建的 Web 网站集群，就是由几台服务器组成的集群，为用户提供 Web 服务），我们希望客户端每次请求服务端都可以找到服务端集群中某一台服务器，这样服务端就可以向客户端提供客户端所需的服务。对于这种场景程序中一定有一份这组服务器的列表，每次客户端请求的时候，都是从这份列表里读取这份服务器列表。那么这份列表显然不能存储在一台单节点的服务器上，否则若这个节点出现故障，则整个集群都会发生故障，我们希望这份列表是高可用的。高可用的解决方案是：这份列表是分布式存储的，它是由存储这份列表的服务器共同管理的，如果存储列表里的某台服务器坏掉了，其他服务器马上可以替代坏掉的服务器，并且可以把坏掉的服务器从列表里删除，让故障服务器退出整个集群的运行，而这一切的操作又不会由故障的服务器来进行，而是集群里正常的服务器来完成。这是一种主动的分布式数据结构，能够在外部情况发生变化时主动修改数据项状态的数据机构。Zookeeper 框架提供了这种服务。这种服务的名字就是统一命名服务，它和 javaEE 里的 JNDI 服务很像。

二是分布式锁服务。当分布式系统操作数据，如读取数据、分析数据之后修改数据，在分布式系统里这些操作可能会分散到集群里不同的节点上，那么这时就存在数据操作过程中一致性的问题，如果不一致，我们将会得到一个错误的运算结果。在单一进程的程序里，一致性的问题很好解决，但是到了分布式系统就比较困难，因为分布式系统里不同服务器的运算都是在独立的进程里，运算的中间结果和过程还要通过网络进行传递，那么想做到数据操作一致性要困难得多。Zookeeper 提供了一个锁服务解决了这样的问题，能让我们在做分布式数据运算时，保证数据操作的一致性。

三是配置管理。在分布式系统里，我们会把一个服务应用分别部署到几台服务器上，这些服务器的配置文件是相同的，如果配置文件的配置选项发生变化，那么我们就需要一个个去改这些配置文件。如果需要改的服务器比较少，这些操作还不是太麻烦；如果分布式的服务器特别多，比如某些大型互联网公司的 hadoop 集群有数千台服务器，那么更改配置选项就是一件麻烦而且危险的事情。这时候 Zookeeper 就可以派上用场了，我们可以把 Zookeeper 当成一个高可用的配置存储器，把这样的事情交给 Zookeeper 进行管理，我们将集群的配置文件复制到 Zookeeper 文件系统的某个节点上，然后用 Zookeeper 监控所有分布式系统里配置文件的状态，一旦发现有配置文件发生了变化，每台服务器都会收到 Zookeeper 的通知，让每台服务器同步 Zookeeper 里的配置文件，Zookeeper 服务也会保证同步操作原子性，确保每个服务器的配置文件都能被正确更新。

四是集群管理。集群管理是很困难的，在分布式系统里加入了 Zookeeper 服务，能让我们很容易地对集群进行管理。集群管理最麻烦的事情就是节点故障管理，Zookeeper 可以让集群选出一个健康的节点作为 master，master 节点会知道当前集群内每台服务器的运行状况。一旦某个节点发生故障，master 会把这个情况通知给集群其他服务器，从而重新分配不同节点的计算任务。Zookeeper 不仅可以发现故障，还可对有故障的服务器进行甄别，看故障服务器是什么样的故障。如果该故障可以修复，Zookeeper 可以自动修复或者告诉系统管理员错误的原因，让管理员迅速定位问题修复节点的故障。不仅如此，Zookeeper 还为 master 故障提供解决方案：Zookeeper 内部有一个"选举领导者的算法"，master 可以动态选择，当 master 故障时，Zookeeper 能马上选出新的 master 对集群进行管理。

(五)Sqoop

1.定义

Sqoop是一个用来将Hadoop和关系型数据库中的数据双向转移的工具和技术，即可以将一个关系型数据库（MySQL、Oracle、Postgres等）中的数据导入Hadoop的HDFS中，也可以将HDFS的数据导入关系型数据库中，还可以在传输过程中实现数据转换等功能。SQL处理二维表格数据，是一种最朴素的工具，NoSQL是not only SQL，即不仅仅是SQL。从MySQL导入数据到HDFS文件系统中，最简单的一种方式就是使用Sqoop，然后将HDFS中的数据和Hive建立映射。通过Sqoop作为数据桥梁，将传统的数据也存入NoSQL中来。Sqoop即"SQL to Ha-doop"，是一款可在传统型数据库与Hadoop之间进行数据迁移的工具，充分利用MapReduce并行特点以批处理的方式加快数据传输，发展至今主要演化了两大版本，即Sqoop1和Sqoop2。

2.特点

在架构上，Sqoop1使用MapOnly作业进行Hadoop（HDFS/HBase/Hive）同关系数据库进行数据的导入导出，用户使用命令行方式与之交互，数据传输和数据格式紧密耦合；易用性欠佳，Connector数据格式支持有限，安全性不好，对Connector的限制过死。Sqoop2则建立了集中化的服务，负责管理完整的MapReduce作业，提供多种用户交互方式（CLI/WebUI/RESTAPI），具有权限管理机制，具有规范化的Connector，使得它更加易用，更加安全，更加专注。

在使用Sqoop时还有一些注意事项。对于默认的并行机制要小心。默认情况下的并行意味着Sqoop假设大数据是在分区键范围内均匀分布的。这在当源系统是使用一个序列号发生器来生成主键时工作得很好。打个比方，当有一个10个节点的集群，那么工作负载是在这10台服务器上平均分配的。但是，如果分割键是基于字母数字的，拥有比如以"A"作为开头的键值的数量会是"M"作为开头键值数量的20倍，那么工作负载就会变成从一台服务器倾斜到另一台服务器。

如果担心性能，那么可以研究直接加载。直接加载绕过通常的Java数据库连接导入，使用数据库本身提供的直接载入工具，比如MySQL的mysqklump。但是有特定数据库的限制。比如，不能使用MySQL或者PostgreSQL的连接器来导入BLOB和CLOB类型，也没有驱动支持从视图的导入。Oracle直接驱动需要特权来读取类似dba_objects和v_parameter这样的元数据。

进行增量导入是与效率有关的最受关注的问题，因为Sqoop是专门为大数据集设计的。Sqoop支持增量更新，将新记录添加到最近一次导出的数据源上，或者指定上次修改的时间戳。

由于Sqoop将数据移入和移出关系型数据库的能力，其对于Hive-Hadoop生态系统里著名的类SQL数据仓库——有专门的支持不足为奇。命令"create-hive-table"，可以用来将数据表定义导入Hive。

3.应用

Sqoop 出现的背景是，Apache 框架 Hadoop 是一个越来越通用的分布式计算环境，主要用来处理大数据。随着云提供商利用这个框架，更多的用户将数据集成在 Hadoop 和传统数据库之间迁移，能够帮助数据进行传输的工具变得更加重要。Apache Sqoop 就是这样一款工具，可以在 Hadoop 和关系型数据库之间转移大量数据。

（六）Flume

1.定义

Flume 是一种分布式日志采集系统，特点是高可靠性、高可用性。它的作用是从不同的数据源系统中采集、集成、运送大量的日志数据到一个集中式数据存储器中。Flume 是 Cloudera 提供的一个分布式、可靠和高可用的海量日志采集、聚合和传输的日志收集系统，支持在日志系统中定制各类数据发送方，用于收集数据；同时，Flume 提供对数据进行简单处理，并写到各种数据接收方（可定制）的能力。

2.特点

Flume 具有可靠性（reliability）、可伸缩性（scalability）、可管理性（manageability）和可延展性（extensibility）特点：

（1）可靠性

Flume 提供三种数据可靠性选项，包括 End-to-end、Store on failure 和 Best effort。其中 End-to-end 使用了磁盘日志和接收端 Ack 的方式，保证 Flume 接收到的数据会最终到达目的。Store on failure 在目的不可用的时候，数据会保持在本地硬盘。和 End-to-end 不同的是，如果是进程出现问题，Store on failure 可能会丢失部分数据。Best effort 不做任何 QoS 保证。

（2）可伸缩性

Flume 的三大组件：collectorA master 和 storage tier 都是可伸缩的。需要注意的是，Flume 中对事件的处理不需要带状态，它的可伸缩性可以很容易实现。

（3）可管理性

Flume 利用 Zookeeper 和 gossip，保证配置数据的一致性、高可用。同时采用多 master 方式，保证 master 可以管理大量的节点。

（4）可延展性

基于 Java，用户可以为 Flume 添加各种新的功能，如通过继承 Source，用户可以实现自己的数据接入方式，实现 Sink 的子类，用户可以将数据写往特定目标，同时，通过 SinkDecorator，用户可以对数据进行一定的预处理。

3.应用

日志收集是 Flume 的典型应用。Flume 最早是 Cloudera 提供的日志收集系统，目前是 Apache 下的一个孵化项目，Flume 支持在日志系统中定制各类数据发送方，用于收集数据。

Flume 提供了大量内置的 Source(源)、Channel(渠道) 和 Sink(下沉) 类型，其中 Source 负责从源端收集数据，产出 event(事件)；Channel 负责暂存 event，以备下游取走消费；Sink 负责消费通道中的 event，写到最终的输出端上。不同类型的 Source、Channel 和 Sink 可以自由组合——组合方式基于用户设置的配置文件，非常灵活。比如，Channel 可以把 event 暂存在内存里，也可以持久化到本地硬盘上。Sink 可以把日志写入 HDFS、HBase，甚至是另外一个 Source 等。通过这种方式，Flume 将日志连成串，可以进行整体处理，提高效率。

（七）Kafka

1. 定义

Kafka 是一种高吞吐量的分布式发布订阅消息系统，有如下特性：通过 O(1) 的磁盘数据结构，来确保提供消息的持久化，这种结构对于计时数以太字节（TB）的消息存储也能够保持长时间的稳定性能；高吞吐量：即使是非常普通的硬件，Kafka 也可以支持每秒数十万条的消息；支持通过 Kafka 服务器和消费机集群来分区消息；支持 Hadoop 并行数据加载。

2. 特点

（1）快。单个 Kafka 服务每秒可处理数以千计客户端发来的几百兆字节数据。

（2）可扩展性。一个单一集群可作为一个大数据处理中枢，集中处理各种类型业务。

（3）持久化。消息被持久化到磁盘（可处理 TB 数据级别数据，但仍保持极高数据处理效率），并且有备份容错机制。

（4）分布式。着眼于大数据领域，支持分布式，集群可处理每秒百万级别消息。

（5）实时性。生产出的消息可立即被消费者消费。

3. 应用

Kafka 的目的是提供一个发布订阅解决方案，它可以处理消费者规模的网站中的所有动作流数据。这种动作（网页浏览、搜索和其他用户的行动）是现代网络上许多社会功能的一个关键因素。这些数据通常是由于吞吐量的要求而通过处理日志和日志聚合来解决的。对于像 Hadoop 一样的日志数据和离线分析系统，必不可少的要求是能够进行实时处理的限制，这是一个可行的解决方案。Kafka 的目的是通过 Hadoop 的并行加载机制来统一线上和离线的消息处理，也是通过集群机来提供实时的消费。

四、计算和存储

（一）Storm

1. 定义

Storm 是一个复杂事件处理引擎(CEP)，最初由 Twitter 实现。在实时计算与分析领域，

Storm 正在得到日益广泛的应用。Storm 可以辅助基本的流式处理，如聚合数据流，以及基于数据流的机器学习。通常情况下，数据分析在 Storm 之上进行，然后把结果保存在 NOSQL 或关系数据库管理系统（RDBMS）。Hadoop 专注于批处理，这种模型对许多情形（比如为网页建立索引）已经足够，但还存在其他一些使用模型，它们需要来自高度动态的来源的实时信息。为了解决这个问题，就得借助 Nathan Marz 推出的 Storm。Storm 不处理静态数据，但它处理预计会连续的流数据。但 Storm 不只是一个传统的大数据分析系统，它是复杂事件处理（CEP）系统的一个示例。CEP 系统通常分类为计算和面向检测，其中每个系统都可通过用户定义的算法在 Storm 中实现。举例而言，CEP 可用于识别事件洪流中有意义的事件，然后实时地处理这些事件。

随着互联网应用的高速发展，企业积累的数据量越来越大，越来越多。随着 Google MapReduce、Hadoop 等相关技术的出现，处理大规模数据变得简单起来，但是这些数据处理技术都不是实时的系统，它们的设计目标也不是实时计算。毕竟实时的计算系统和基于批处理模型的系统（如 Hadoop）有着本质的区别。

但是随着大数据业务的快速增长，针对大规模数据处理的实时计算变成了一种业务上的需求，缺少"实时的 Hadoop 系统"已经成为整个大数据生态系统中的一个巨大缺失。Storm 正是在这样的需求背景下出现的，Storm 很好地满足了这一需求。

在 Storm 出现之前，对于需要实现计算的任务，开发者需要手动维护一个消息队列和消息处理者所组成的实时处理网络，消息处理者从消息队列中取出消息进行处理，然后更新数据库，发送消息给其他队列。所有这些操作都需要开发者自己实现。这种编程实现的模式存在以下缺陷：

（1）单调乏味。开发者需要花费大量时间去配置消息如何发送，消息发送到哪里，如何部署消息的处理者，如何部署消息的中间处理节点等。如果使用 Storm 进行处理，那么开发者只需要很少的消息处理逻辑代码，这样开发者就可以专注于业务逻辑的开发，从而大大提高了开发实时计算系统的效率。

（2）脆弱。程序不够健壮，开发者需要自己编写代码以保证所有的消息处理者和消息队列的正确运行。

（3）可伸缩性差。当一个消息处理者能处理的消息达到自己能处理的峰值时，就需要对消息流进行分流，这时需要配置新的消息处理者，以让它们处理分流消息。

对于需要处理大量消息流的实时系统来说，消息处理始终是实时计算的基础，消息处理的最后就是对消息队列和消息处理者之间的组合。消息处理的核心是如何在消息处理的过程中不丢失数据，而且可以使整个处理系统具有很好的扩展性，以便能够处理更大的消息流。而 Storm 正好可以满足这些要求。

2. 特点

Storm 与其他大数据解决方案的不同之处在于它的处理方式。Hadoop 在本质上是个批处理系统。数据被引入 Hadoop 文件系统（HDFS）并分发到各个节点进行处理。当处理完成时，结果数据返回到 HDFS 供始发者使用。Storm 支持创建拓扑结构来转换没有终点的数据流。不同于 Hadoop 作业，这些转换从不停止，它们会持续处理到达的数据。

Storm 除了与其他计算存储技术有很大区别以外，还具有以下特性：

一是简单的编程模型。类似于 MapReduce 降低了并行批处理的复杂性，Storm 降低了进行实时处理的复杂性。你可以在 Storm 之上使用各种编程语言。默认支持 Clojure、Java、Ruby 和 Pythono 要增加对其他语言的支持，只需实现一个简单的 Storm 通信协议即可。

二是容错性。Storm 会管理工作进程和节点的故障。首先是水平扩展。计算是在多个线程、进程和服务器之间并行进行的；然后是可靠的消息处理，Storm 保证每个消息至少能得到一次完整处理。任务失败时，它会负责从消息源重试消息。其次是快速。系统的设计保证了消息能得到快速的处理，使用 OMQ 作为其底层消息队列。最后是本地模式。Storm 有一个本地模式，可以在处理过程中完全模拟 Storm 集群，这让你可以快速进行开发和单元测试。

三是 Storm 集群由一个主节点和多个工作节点组成。主节点运行了一个名为"Nimbus"的守护进程，用于分配代码、布置任务及故障检测。每个工作节点都运行了一个名为"Supervisor"的守护进程，用于监听工作，开始并终止工作进程。Nimbus 和 Supervisor 都能快速失败，而且是无状态的，这样一来它们就变得十分健壮，两者的协调工作是由 Apache Zookeeper 来完成的。

四是适用场景广。Storm 可以用来处理消息和更新数据库（消息的流处理），对一个数据量进行持续的查询并将结果返回给客户端（连续计算），对于耗费资源的查询进行并行化处理（分布式方法调用），Storm 提供的计算原语可以满足以上所述的大量场景。

五是可伸缩性强。Storm 的可伸缩性主要表现在，可以让其每秒处理的消息量达到一个非常高的峰值，如 100 万条的数据。实现计算任务扩展的具体方法是，在集群中添加更多的机器数量，然后提高计算任务的并行度设置，就能达到扩展的目的。Storm 网站上给出了一个具有伸缩性的例子，一个 Storm 应用在一个包含 10 个节点的集群上每秒处理 1 000 000 条消息，其中包括每秒 100 多次的数据库调用。Storm 使用 Apache Zookeeper 来协调集群中各种配置的同步，这样 Storm 集群可以很容易地进行扩展。

六是保证数据不丢失。实时计算系统的核心要素就是确保数据被正确处理，丢失数据的系统使用场景会很窄，而 Storm 可以保证每一条消息都会被处理，这是 Storm 区别于 S4（Yahoo 开发的实时计算系统）系统的关键特点。

七是健壮性强。不像 Hadoop 集群很难进行管理，需要管理人员掌握很多 Hadoop 配置、维护、调优的知识，Storm 集群很容易进行管理，并且这个特点是 Storm 的设计目标之一。

八是语言无关性。Storm 应用不单单是只使用一种语言的编程平台，Storm 虽然是使用 Clojure 语言开发实现的，但是，Storm 的处理逻辑和消息处理组件都可以使用任何语言来进行定义，这就是说任何语言的开发者都可以使用 Storm 来实现自己的目的。

3. 应用

Storm 在许多应用领域表现出色，在实时分析、在线机器学习、信息流处理（例如，可以使用 Storm 处理新的数据和快速更新数据库）、连续性的计算（例如，使用 Storm 连续查询，然后将结果返回给客户端，如将微博上的热门话题转发给用户）、分布式 RPC（远程过程调用协议，通过网络从远程计算机程序上请求服务）、ETL（extraction transformation loading，数据抽取、转换和加载）等领域内都有建树。

（二）Spark

1. 定义

Spark 是一个正在快速成长的开源集群计算系统。Spark 生态系统中的包和框架日益丰富，使得 Spark 能够进行高级数据分析。Spark 的快速成功得益于它的强大功能和易于使用性。相比于传统的 MapReduce 大数据分析，Spark 效率更高、运行速度更快。Spark 提供了内存中的分布式计算能力，具有 Java、Scala、Python、R 四种编程语言的 API 编程接口。

Spark 是一种与 Hadoop 相似的开源集群计算环境，但是两者之间还有一定差异，这些有效的差异使 Spark 在某些工作负载方面表现得更加出色。换句话说，Spark 启用了内存分布数据集，除了能够提供交互式查询外，它还可以优化迭代工作负载。

Spark 是在 Scala 语言中实现的，它将 Scala 用作其应用程序框架。与 Hadoop 不同，Spark 和 Scala 能够紧密集成，其中的 Scala 可以像操作本地集合对象一样轻松地操作分布式数据集。

尽管创建 Spark 是为了支持分布式数据集上的迭代作业，但它的本质是对 Hadoop 的有效补充，并且可以在 Hadoop 文件系统中并行运行。通过名为 Mesos 的第三方集群框架可以支持此行为。Spark 最早由加利福尼亚大学伯克利分校 AMP 实验室（Algorithms，Machines and People Lab）开发研制，可用来构建大型的、低延迟的数据分析应用程序等。

其中，整个生态系统构建在 Spark 内核引擎之上，这也就使得 Spark 具有了一些出众的特点，比如快速的内存计算能力，使得其 API 支持四种编程语言，即 Java、Scala、Python、R，而 Streaming 同时具备实时流数据的处理能力，Spark SQL 使用户可使用他们最擅长的语言查询结构化数据，DataFrame 位于 Spark SQL 的核心，DataFrame 将数据保存为行的集合，对应行中的各列都被命名，通过使用 DataFrame，可以非常方便地查询、绘制和过滤数据。MLlib 为 Spark 中的机器学习框架。GraphX 为图计算框架，提供结构化数据的图计算能力。

2. Spark 中的关键性技术

（1）DataFrame

DataFrame API 是在 1.3.0 中引入的，其目的是统一 Spark 中对结构化数据的处理。在引入 DataFrame 之前，Spark 之上有针对结构化数据的 SQL 查询以及 Hive 查询。这些查询的处理流程基本类似：查询首先需要经过解析器生成逻辑查询计划，然后经过优化器生成物理查询计划，最终被执行器调度执行。

而不同的查询引擎由不同的优化器和执行器实现，并且使用了不同的中间数据结构，这就导致很难将不同的引擎优化合并到一起，新增一个查询语言也非常艰难。

为了解决这个问题，Spark 对结构化数据进行了高层抽象，产生了 Data Frame API。简单来说 Data Frame 可以看作带有 Schema 的 RDD（在 1.3 之前 Data Frame 就叫作 SchemaRDD，受到 R 以及 Python 的启发改为 DataFrame 这个名字）。

在 DataFrame 上可以应用一系列的表达式，最终生成一个树形的逻辑计划。这个逻辑计划将会经历分析（Analysis）、逻辑优化（Logical Optimization）、物理规划（Physical Planning）以及代码生成（Code Generation）阶段最终变成可执行的 RDD。

另外还值得一提的是，和 DataFrame API 紧密相关的 Data-Source API。如果说 DataFrame API 提供的是对结构化数据的高层抽象，那么 DataSource API 提供的则是对于结构化数据统一的读写接口。Data-Source API 支持从 JSON、JDBC、ORC、parquet 中加载结构化数据（SQLContext 类中的诸多读取方法，均会返回一个 DataFrame 对象），也同时支持将 DataFrame 的数据写入上述数据源中（DataFrame 中的系列方法）。

这两个 API 再加上多种语言的支持，使得 Spark 对结构化数据拥有强大的处理能力，极大简化了用户编程工作。

（2）Tungsten

在官方介绍中 Tungsten 将会是对 Spark 执行引擎所做的最大修改，其主要目标是改进 Spark 内存和 CPU 的使用效率，尽可能发挥出机器硬件的最大性能。之所以将优化的重点集中在内存和 CPU 而不是读写之上，是社区实践发现很多大数据应用的瓶颈在 CPU。例如，目前很多网络读写链路的速度达到 10 Gb/s，SSD 硬盘和 Striped HDD 阵列的使用也使得磁盘读写有较大提升。而 CPU 的主频却没有多少提升，CPU 核数的增长也不如前两者迅速。

此外，在 Spark 已经对读写做过很多的优化（如列存储以及读写剪枝可以减少读写的数据量，优化的 Shuffle 改善了读写和网络的传输效率），再继续进行优化提升空间并不大。而随着序列化以及 Hash 的广泛使用，现在 CPU 反而成为一个瓶颈。内存方面，使用 Java 原生的堆内存管理方式很容易产生 OOM 问题，并伴随着较大的 GC 负担，进一步降低了 CPU 的利用率。

基于上述观察，Spark 在 1.4 中启动了 Tungsten 项目，并在 1.5 中完成第一阶段的优化。这些优化包括：内存管理和二进制格式处理；缓存友好的计算；代码生成；避免以原生格式存储 Java 对象（使用二进制的存储格式），减少 GC 负担；压缩内存数据格式，减少内存占用以及可能的溢写。使用更准确的内存统计而不是依赖启发规则管理内存。

对于那些已知数据格式运算（DataFrame 和 SQL），直接使用二进制运算，避免序列化和反序列化开销。

3.应用

（1）Spark SQLO 类似 Hive，使用 RDD 实现 SQL 查询。

（2）Spark Streaming 流式计算，提供实时计算功能，计算方法类似 Storm。

（3）MLlib。机器学习库，提供常用分类、聚类、回归、交叉检验等机器学习算法。

（4）GraphX 图计算框架，实现了基本的图计算功能，常用图算法和 pregel 图编程框架。

第二节　大数据应用的一般模式和价值提升

一、大数据应用的一般模式

大数据时代，世界万事万物通通可被数据化，人们可以在数据应用中优化现实操作和行为，令全球系统的运行更为高效。数据不是凭空而来的，而是由相应的场景、业务以及应用产生而来的。所以数据的价值是由它产生的环境、过程的独特属性所赋予的。数据可以有很多属性，就我们所知，可以有金融属性、社会属性，也可以是任何一个领域的独特属性。正是这些具有不同属性的数据，造就了数据在价值、应用层面的差异化。接下来，本文将详细从大数据的一般模式和价值提升出发深入理解大数据应用。

过去我们习惯于处理小数据，并以此来了解世界。现在我们的数据量前所未有的巨大，当我们掌握海量数据时，可以做一些在只有较少数据时不可能办到，甚至不敢想的事。具体而言，大数据应用的一般模式由数据的产生、聚集、分析以及利用四个环节组成。

（一）大数据的产生

在小数据时代，数据采集工作侧重于随机样本的选取而不是采集全部数据，追求数据的精确性而非混杂性，更多考虑因果关系而不是相关关系。过去政府部门为了客观实际地掌握我国人口的基本状况，会按统一的时间、统一的方法对全国人口逐户地进行调查登记，我们将其称为人口大普查的全数据模式。全数据的普查模式耗时耗力，进而产生了随机采样的数据调查模式。在实际工作中，相关部门需要考虑好抽样的方式及样本的数量，并保证排除样本偏差的影响。这种基于统计归纳的抽样方法虽是一种实用且不错的创新，但仍然受到小数据方式的种种限制。

在当今的技术支持下，大数据的表现成功地将人类的想象转化为现实，并逐渐渗透进人们的生活。其意义已不仅仅只是预测结果，改善交通状况，更重要的是带给决策者一种新颖的思维方式：利用已知的现在去预测未知的未来。当今除了来源于专业研究机构产生大量的数据之外，与日常工作生活紧密相关的大数据可以分为以下三个来源：

1. 最外层：巨量机器产生的数据

一是机器传感数据。越来越多的机器配备了连续测量和报告运行情况的装置。几年前，跟踪遥测发动机的运行仅限于价值数百万美元的航天飞机。现在，汽车生产商在车辆中配置了监视器，连续提供车辆机械系统整体运行情况。一旦数据可得，公司将千方百计从中获利。

二是图像及摄像头监控数据。目前，基本所有的超市、商城都安装有摄像头，通过监控观察消费者购物的整个流程，仔细分析后，促进卖场对商品摆放次序和数量的优化，进而帮助销售某些商品并合理促销，最大化商家的利润和消费者的满意度。

三是 RFID、二维码或条形码扫描数据。随着物联网的发展，二维码、RFID 等技术在人们的生活中越来越普及。以二维码为代表的一类数据扫描技术以其数据存储量大、保密性高等优势聚集了海量的数据，成为机器大数据产生的又一细分来源。

2. 中间层：用户的行为数据

一是互联网平台上的用户行为轨迹。计算机产生的数据可能包含着关于互联网和其他使用者行动和行为的有趣信息，从而提供了对他们的愿望和需求潜在的有用认识。互联网网站可以利用 cookie 跟踪统计用户访问该网站的习惯，比如什么时间访问，访问了哪些页面，在每个网页的停留时间等数据。

二是呼叫中心评论、留言及电话投诉数据。基于呼叫投诉数据，可实现客户投诉区域管理，如根据地理位置跟踪识别客户的投诉地点，将客户投诉按地域进行管理，用红黄绿等颜色建立投诉量和投诉满意度、解决率的热力图，有针对性地提升数量大、指标低地域的投诉服务质量和客户口碑。

三是电子商务在线交易日志数据。目前，各大电商平台均对商家进行相应的登记，移动支付的繁荣也促进了电子商务在线交易数据的系统性存储。支付宝账号、平台登录账号、手机号等用户信息的整合归集，进一步提升了登录与交易日志的真实性，进而产生更高质量、实用价值更高的电商在线交易日志数据。

3. 最内层：用户自身产生的数据及信息

一是社交平台的用户生成内容。这类数据强调社交媒体的用户通过发送文本信息、评论新闻、在互联网平台公开发表言论的行为产生的用户数据。这些数据主要以文本的形式存在，相关决策部门可通过研究文本信息中用户的语义及其情感倾向进行预测分析工作。

二是少量企业应用产生的数据。其主要指的是企业内部的行业数据，如医疗行业，其ERP 及 CRM 系统中已存储有患者的基本资料及相应治疗信息。这些信息最初都是由工作人员手工录入，但随着时间的推移，积少成多，这部分数据已经颇具规模。

数据从来都不缺乏。无论是巨量机器产生的外层数据，还是用户行为数据，或是用户自身产生的数据，其数据量级均呈指数型增长。同样，对一个公司而言，其本身产生的数据和用户生成的数据量只增不减，这也意味着只有善于发现数据、聚焦数据、分析数据和利用数据的公司方能把握未来的发展机会。

（二）大数据的聚集

就像浏览网页已经成为我们生活的一部分一样，数据在网上的自动整合和跳转，也将会成为一种新的数据处理方式。通过这种新的方式，系统将自动生成用户的画像，进行后台的资信评级，而不需我们去准备材料；互联网将向我们推送信息，而不再是我们去网上收集想要的信息。准确的用户资料和精确的推送都对多方来源数据的聚集提出了要求。面对海量的大数据资源，如何合理地聚集数据，以适应不同行业的需要，是大数据产生以后需要考虑的下一个问题。

大数据的聚集，本质上就是数据整合、清洗的过程。针对不同的数据形式，如何做到数据之间的兼容是大数据聚集的第一任务。做好数据兼容之后，则是对多来源大数据的进一步整合，在这一步骤中，除了要对冗余数据做好删除工作以外，还需对数据的内容进行合并，并将大数据内容与不同的个体关系相互对应。这里的个体不仅仅指细化到个人的实体，企业、组织作为一个个体单元也将被包括在内。

具体到行业，各个行业在进行商业决策时，也应聚集多方来源的大数据资源，通过多方的三角验证，将数据内容分类，以方便进一步的分析和利用。金融数据和电商数据碰撞在一起，就产生了像小微贷款那样的互联网金融；电信数据和政府数据相遇，可以产生人口统计学方面的价值，帮助城市规划人们居住、工作、娱乐的场所；金融数据和医学数据在一起，可以发现骗保；物流数据和电商数据凑在一块，可以了解各个经济子领域的运行情况；物流数据和金融数据产生供应链金融，而金融数据和农业数据也能发生一些化学作用。细化到同一个行业，也是一个道理。如不同的电商平台，销售服装和销售电器的商家，各自对消费者的洞察力是有限的，因而可将用户数据以及交易信息进行整合，两边的数据放在一起做数据分析，就能够获得全面的用户画像。

如果说收集数据是一种习惯，聚焦数据是一种意识，那是否开放数据则是一种态度。互联网上的数据开放，其开放的对象不仅仅是政府、企业、一个国家的人民，而是全世界。开放的趋势是无法阻挡的。虽然同为软件的一部分，开放数据和开放代码也大不相同。开放代码面向的对象仅仅是程序员，也就是说，它停留在技术层面；但数据的开放，其涉及面却广得多，除了技术人员以外，还与数据的来源、性质以及过去和未来的使用人员都息息相关。做好数据的开放工作，大数据的分析利用才会实现更大的价值。

（三）大数据的分析

大数据之大，更多的意义在于人类可以分析和使用的数据在大量增加，通过对这些数据的交换、整合和分析，人类可以发现新的知识，创造新的价值，带来大知识、大科技、大利润和大发展。数据分析是进行决策和做出工作决定之前的重要环节。

大数据时代的来临，标志着传统数据挖掘方法已经不再适应日新月异的数据环境，在数据采集、数据存储、数据分析以及可视化等诸多方面捉襟见肘。与此同时，各行各业对数据的依赖性有增无减，甚至以数据为基础的定量分析方法也有逐步取代耗时耗力的以专家为基础的定性分析方法的趋势。正是在这样的大背景下，传统的技术管理方法也面临着巨大的挑战，传统的数据挖掘方法与工具技术逐渐无法应付技术领域中迅速涌现的大规模数据，更无法实现对如此量级数据的实时处理与分析。

总的来说，大数据分析有四个基本方面的特征：

一是可视化分析。不管是对数据分析专家还是普通用户，数据可视化是数据分析工具最基本的要求。可视化可以直观地展示数据，让数据自己说话，让观众听到结果。采集大数据不是为了存储而是为了进行数据分析。企业通过挖掘海量数据可以改善运营服务，增强自身能力，提供决策支持，实现商业智能进而为企业带来高额经济效益回报，发现企业发展的特殊规律。数据挖掘是给机器看的，可视化则是给人看的。通过大数据的可视化分析，大数据的运用门槛降低，越来越多的人可以更好地运用大数据，大数据也可以更好地为人们提供相应的价值。

二是预测性分析能力。预测是大数据的本质特征。在大数据时代，预见行业未来的能力成为企业追求的目标。数据挖掘可以让分析员更好地理解数据，而预测性分析可以让分析员根据可视化分析和数据挖掘的结果做出一些预测性的判断。

三是数据质量和数据管理。数据质量和数据管理是一些管理方面的最佳实践。大数据是信息技术自动采集存储的海量数据，可以进行快速分析处理得到结果。随着存储设备成本的不断下降，计算机工具功能日趋先进，处理海量数据的能力快速提升，数据挖掘算法持续加速改进，通过标准化的流程和工具对数据进行处理，可以保证一个预先定义好的高质量的分析结果。

四是语义引擎。由于非结构化数据的多样性带来了数据分析的新挑战，我们需要一系列的工具去解析、提取、分析数据。语义引擎需要被设计成能够从"文档"中智能提取信息。这也是大数据分析不同于普通数据分析的一个主要方面。

同时，新数据分析技术和旧技术的不同之处在于：一方面，数据膨胀要求数据挖掘和统计分析技术性能的飞跃；另一方面，不同规模的企业如今都面临大数据时代带来的挑战，分析技术必须朝着平民化、易操作化方向发展：简单易懂、容易操作并且能为各类企业所用。

与传统的数据仓库分析相比，大数据分析有新的特点：

其一，传统数据仓库都有一个精细的提取、转换和加载（ETL）的流程及数据库限制，这意味着加载进数据仓库的数据是容易理解的、清洗过的，并符合业务的元数据。而大数据最大的优点是针对传统手段捕捉到的数据之外的非结构化数据。这意味着不能保证输入的数据是清洗过的，完整的，没有任何的错误。这使大数据分析更有挑战性，但同时它提供了更大的可搜索范围。

其二，传统分析是建立在关系数据模型之上的，主体之间的关系在系统内就已经被创立，而分析也在此基础上进行。而对大数据进行分析，在典型的世界里，很难在所有的信息间以一种正式的方式建立关系，因此，非结构化以图片、视频、移动产生的信息、无线射频识别（RFID）等的形式存在，并被考虑进大数据分析。

其三，传统分析是定向的批处理，而且人们在获得所需的洞察力之前需要每晚等待提取、转换和加载等工作的完成。大数据分析是利用对数据有意义的软件的支持针对数据的实时分析。

其四，在一个传统的分析系统中，平行是通过昂贵的硬件，如大规模并行处理（MPP）系统和／或对称多处理（SMP）系统来实现的。而对大数据来说，当在市场上有大数据分析的应用系统时，它同样可以通过通用的硬件和新一代的分析软件，像 Hadoop 或其他分析数据库来实现。

（四）大数据的利用

大数据的魅力不在于它大，而在于这么大的数据里可以产生越来越多以前没有，甚至是想不到的价值。基于大数据运算的结果，巧妙地利用大数据资源，是整个大数据应用流程的最后一环，同时也是最靠近管理决策和终端用户的一环。也就是说，庞大的数据需要我们进行剥离、整理、归类、建模、分析等操作，通过这些操作后，我们开始建立数据分析的维度，通过对不同维度的数据进行分析，最终得到我们想得到的信息。

数据的积累是一个从量变到质变的过程。当数据积累不够多时，没有人能读懂这些"碎片"背后的故事。但随着数据的积累，特别是超过某个临界值后，这些"碎片"整体所呈现的规律就会在一定程度上被显现出来。谷歌在帮助用户翻译时，并不设定各种语法和翻译规则。而是利用谷歌数据库中收集的所有用户的用词习惯进行比较推荐。谷歌检查所有用户的写作习惯，将最常用、出现频率最高的翻译方式推荐给用户。在这一过程中，计算机可以不了解问题的逻辑，但是当用户行为的记录数据越来越多时，计算机就可以在不了解问题逻辑的情况下，提供最为可靠的结果。由此可见，海量数据和处理这些数据的分析工具，为理解世界提供了一条完整的新途径。

上述例子直观地描述了大数据时代海量的数据对企业分析带来的新变化。项目立项前的市场数据分析可以为决策提供支撑，通过目标用户群体趋势分析为产品提供商务支持。同时，对运营数据的挖掘和分析也可以为企业提供运营数据支撑，不一而足。总的来说，大数据的运用有以下五种模式：

其一，数据存储空间出租。企业和个人都对海量信息存储有需求，只有将数据妥善存储，如文件的普通存储、专业的数据聚合平台等，才有可能进一步挖掘其潜在价值。数据存储空间的出租主要是通过易于使用的 API，用户可以方便地将各种数据对象放在云端，然后像使用水、电一样按用量收费。目前，众多云盘公司均已宣布为客户提供付费无限量的存储空间。

其二，企业经营决策指导。相关组织可以利用用户数据，并运用成熟的模型和数据分析技术，有效提升企业的数据资源利用能力，让企业的决策更为准确，从而提高整体运营效率。简而言之，就是将内部大数据分析技术商用化，进而为企业提供决策依据。如超市可根据消费者的购买记录，发现用户经常同时购买的两种商品，进而更换货位并推出捆绑营销的方式吸引顾客。

其三，个性化精准推荐。在运营商内部，根据用户喜好推荐各类业务或应用是常见的，如应用商店软件推荐等，而相关部门通过关联算法、情感分析、文本摘要抽取等智能分析算法后，可以将之延伸到商用化服务，利用数据挖掘技术帮助客户进行精准营销推荐。如Uber、滴滴等公司曾运用用户的打车数据记录，计算出不同用户画像的个体对餐饮业的需求，进而帮助餐饮企业开展精准化营销。

其四，企业自身管理。企业、组织可以通过对用户生成内容及其他二手数据资料的文本分析，解析出客户的评论和理由。文本分析可以识别相应信息，并标记出信息的优先级别，进而方便企业自身管理，使得企业有针对性地开展工作。

其五，创新性社会管理。社会管理包含社会治安管理、社会舆情管理、社会行为管理等多个方面。在大数据的帮助下，什么时间段、哪条路拥堵等问题，都可以通过分析得知。此外，通过同一条路上多个用户手机位移的速度便可以判断当时的路况，为拥堵做出准确预警。美国已经使用大数据技术对历史性逮捕模式、发薪日、体育项目、降雨天气和假日等变量进行分析，从而优化警力配置。

尽管大数据并不缺少成功案例，但并不是所有的案例都会成功。如组织懒惰和错误的应用场景所造成的组织战略失败，缺乏大数据分析技能导致的技术层面的失败。还有一些数据本身的问题，如过度相信数据、运用了错误的模型等均会造成大数据的失败运用。因而，各组织部门在运用大数据时应理性考虑，排除干扰，确定正确的战略和数据模型，合理地利用大数据资源。

综上所述，大数据的产业链正在不断完善。与大数据的产生、聚集、分析、利用相对应，大数据的产业链也可以分为上游、中游和下游三个部分。大数据产业的上游是一批能够掌握大数据标准、入口、汇集和整合过程的公司，它们在大数据储存、使用和分析的基础上推出个性化、精准化和智能化的机制，跨网站、跨产品、跨终端、跨平台，让人与人、人与物、物与物之间实现高效撮合与匹配，从而建立起崭新的商业模式。这些公司的理想目标是掌握全部网络用户和全部网络服务提供商的全部网络行为。这种驾驭大数据的能力反过来会深刻影响网络业未来的走向和人们使用互联网的方式。

大数据产业的中游是一批在某些垂直领域或者某些特定区域能够掌握大数据入口、汇集和整合的公司，掌握全部网络用户的部分网络行为，或者是部分网络用户的全部网络行为。这些公司有机会在这些垂直领域或特定区域成为规则制定者和商业模式创新者。

大数据产业的下游由网络公司组成，它们基本上扮演的角色是大数据生态圈里的数据提供者、特色服务运营者和产品分销商，基本通过开放平台和搜索引擎获取用户，处于产业的边缘地带。

二、大数据应用的业务价值

大数据在企业管理中的商业价值并不在于其海量复杂的数据类型，而是通过对海量数据分析挖掘其潜在价值。随着大数据应用的普及，企业越来越重视从大数据中挖掘潜在的商业价值，大数据在企业管理中的应用价值主要在于促进精准营销，推动产品或服务创新，加强产品生产流程优化，从而降低企业运营成本，提高企业运营效率，增强企业的核心竞争力。

（一）发现大数据的潜在价值

拥有大数据是时代特征，解读大数据是时代任务，应用大数据是时代机遇。大数据作为一个时代、一项技术、一个挑战、一种文化，正在走进并深刻影响人们的生活。实施国家大数据战略，必须理性认识大数据，准确把握其带来的机遇，科学应对其带来的挑战，用大智慧实现大数据的大价值。

大数据重在积累、强在分析、利于运用。如何对已有的数据进行挖掘、发现和利用其潜在的价值，在全世界引起了广泛的关注。下文分别介绍目前大数据在各行各业的价值体现。

1. 大数据在宏观经济管理领域的价值

传统的经济计量模型建立在抽样统计学的基础上，以假设检验为基本模式。随着信息量的极大拓展和处理信息能力的极大提高，经济分析可能从样本统计时代走向总体普查时代。这一点对宏观经济分析意义重大，因为宏观经济系统纷繁复杂，如果能对整体宏观经济变量的分析建立在尽可能多的关于经济主体行为的信息以及其他诸多经济变量的信息基础上，甚至抛弃原有的假设检验的模式，无疑将会极大地提高宏观经济分析的准确性和可信度。IBM 日本公司通过建立经济指标预测系统，从互联网新闻中搜索出影响制造业的480 项经济数据，再计算出 PMI 预测值，事实证明有很高的准确度。

此外，运用互联网信息采集和文本挖掘技术，针对银行机构所面临经营环境变化、信贷风险上升等问题，通过计算机自动搜索和专家分析，向客户提供包括：可能导致行业和企业风险加剧的宏观经济形势变化或政策法规实施信息、行业风险预警信息、企业信用恶化预警信息、法律纠纷信息、突发及重大经济事件等信息，均可体现大数据在宏观经济管理领域的价值。

2. 大数据在农业领域的价值

我国在农业领域也开始了相关的大数据尝试，然而目前中国精准农业主要靠示范推动产业，地域性精准化有待提升。对农民自身而言，由于农民在生产管理上的习惯性，推广精准农业、做大数据分析依然举步维艰。做精准化的农业大数据，高投入高产出是必经之路，中国农民根本支付不起前期的高投入。因而，中国对于农业大数据的探索和挖掘还在起步阶段，在发展过程中还需理智认清中国农业发展现状，以挖掘更大的数据价值。

3. 大数据在商业领域的价值

在商业领域，大数据的价值主要体现在：用户大数据应用的具体场景分析；基于客户认知、客户使用、客户评估到客户购买的漏斗型转化分析；通过大数据分析可能会流失的用户及其预计流失时间，进而制定相应的决策；分析出需要增加购买的用户，并帮助客户推送相应的商品和服务；基于地理位置信息，判断行业间的关联度，进而帮助企业增加销售量等。

如客户在超市购物时，通过手机定位，可以分析他们在货柜前停留时间的长短，从而判断客户对什么感兴趣。比如，消费者在电商平台购物时，相关浏览交易信息会在广告交易平台上留下记录，电商平台不仅会自己利用这部分大数据，同时也会将消费记录卖给其他商家。

4. 大数据在金融业的价值

国内不少银行已经开始尝试通过大数据来驱动业务运营。总的来看银行大数据应用可以分为四个方面：刻画个人客户画像和企业客户画像；精准营销及客户生命周期管理；风险管控，中小企业贷款风险评估，实时欺诈交易识别和反洗钱分析；运营优化提升金融业的相关产品和服务。

实际上，作为中国最大的电子商务公司，阿里巴巴已经在利用大数据技术提供具体服务：阿里信用贷款与淘宝数据魔方。以阿里信用贷款为例，阿里巴巴通过掌握的企业交易数据，借助大数据技术自动分析判定是否给予企业贷款，全程不会出现人工干预。

5. 大数据在医疗卫生中的价值

对医疗卫生而言，中国每年的就诊患者是世界上最多的，如果对这些医疗数据进行系统的分析，对治疗疑难病症，以及开发新药都将产生积极的影响。以智能手机为代表的移动终端产生海量的个人用户与位置结合起来的数据，为各种各样的服务、产品及全新的商业模式提供了巨大的发展空间。

大数据运用在医疗卫生领域有五个方面的价值：其一，汇总患者的临床记录和医疗保险数据集并进行分析，提高支付方、医院和药企的决策水平。全面分析病人的特征和疗效数据，比较各种措施的有效性。其二，将医生的处方和医学指导进行比较，防止医生出现潜在的错误。其三，建立索赔数据库和相应的算法，检测索赔准确率，查处欺诈行为，并基于治疗效果调整药品定价策略。其四，通过数据集合建立预测模型，优化研发资源的分配，提高研发效率。其五，跟踪健康行为数据，如可穿戴设备、健康记录仪等设备记录的数据，并将这些数据整合聚焦，进行深入分析。

6. 大数据在社会管理中的价值

随着全球化、信息化、网络化的深入，大数据给社会建设、社会治理带来的挑战更是前所未有。大数据时代的社会治理，既要研究社会，又要研究治理，更要研究大数据。具体而言：一是要研究人们互动、交流、交往过程中不同人群在 QQ、微博、微信以及网络平台上发送的各种图片、图像、视频等非结构化、半结构化数据背后，人的情感、兴趣、价值观等现实社会各方面形成的大数据情况；二是要研究政府作为社会治理的主导，在提供社会服务、社会保障，创新社会治理等方面各种结构化、非结构化的数据，并将结构化的数据做纵横比较，从中发现政府社会治理的客观水平及其未来走势，以更有针对性地推进社会治理，以社会治理能力的现代化推进社会现代化。

大数据在社会管理方面，可以通过位置信息确定有多少部手机在同时移动，可以大致了解突发危机事件时人流聚集的情况，是否拥堵。在文本分析和社交网络大数据方面，如果社交成员永远不会在社交网站上表露自己的全部心情，我们也不可能了解到关于他的所有细节。但是可以根据用户经常阅读文章的类型以及停留时间，推导出这名用户的兴趣点，分析用户的性格，提前关注可能引起社会不稳定的因素。

总而言之，大数据时代网络社会管理中政府行为模式的研究大体可概括为三种视角。其一，社会化企业的大数据应当服务于社会治理，并倡议推动全行业的企业发起大数据公众服务行动。其二，政府和研究机构合作，积极参与社会治理，如与政府政务相关的微信平台的推出简化了政府对社会的管理工作，提高了办事效率。其三，探索大数据在国家治理中的重要价值，并承担起实现数据治国的技术支持者的社会责任，不断推动数据治理技术及模式的创新。

（二）实现大数据整合创新的价值

与大数据全生命周期相对应，即从大数据的产生、聚集、分析到利用，我国已基本形成了大数据的"工厂基础层—组织管理层—分析发现层—平台服务层—行业应用层"的产业链，IT 基础设施为各个环节提供基础支撑。

大数据采集是大数据产业链的底层基础。目前政策要求数据全采全监，包括通话记录及内容、短信记录、位置的轨迹信息等特有隐私数据。所以数据采集成为运营商的刚性需求，而大数据采集对进一步做大数据管理、应用及运营有着最直接的支撑。

大数据管理通过数据共享平台实现对数据的采集。数据共享平台主要由数据汇集、数据支撑、数据接入点三层组成，向下可以支撑数据采集层，向上支撑外部数据应用系统。在数据采集过程中，有时一个口有超过十套系统在采集，比较杂乱。大数据共享平台是趋势，即将采集好的数据放在共享数据池中，实现共享，避免重复采集。这也是运营商比较偏好的方式。

大数据应用主要包括基础应用和行业应用。基础应用包括网络管理和优化及客户关系管理，行业应用包括企业业务运营监控和经营分析。通过大数据分析，挖掘数据背后的深层规律，也是大数据产业链非常重要的一环。

大数据运营终极目标：增值业务和精准营销。增值业务指的是利用特定的网络数据，创新增值应用，增加运营业务收入。简单来说，数据采集阶段形成了最全面、最及时的数据，通过具体时间段、具体地点（实际或虚拟）客户行为的趋势性分析，即可形成非常有价值的判断，再通过指定的要求来分析，即会形成更有指导意义的结论。而精准营销则是通过对移动互联网用户的行为分析，进行用户偏好分群进而建立精确的用户画像，并开展针对性的市场营销及配套服务。

结合目前大数据产业链的各个环节，从价值链角度出发以及数字经济的相关特征，本节有以下两点思考：

1. 从产品导向型价值链向客户导向型价值链转变

在大数据行业，按照加工深度的不同，数据产品基本上可以分为数据（原始数据）、信息和知识。数据是按一定规则排列组合的用于载荷或记录信息的物理符号，可以是数字、文字、图像，也可以是计算机代码。拥有数据是获取信息的第一步，信息的获取还需要对数据背景进行解读，即当接收者对物理符号序列规律了解之后，并知道每个符号和符号组合的指向性目标或含义时，才可以获得一组数据所载荷的信息。也可以说，信息是指把数据放置在一定的背景下，对数字进行解释并赋予意义。在此基础上，使用者通过对这些数据的转换、整合、计算、分析来解释各种现象背后的原因，预测事物的发展趋势，并应用于具体的专业实践活动。

大数据产品的价值取决于数据资源的专有性程度，即数据资源的使用或获得在多大程度上限定于特定的个人或者特定的时间。其中个人专有性也称为知识专有性，是指只有拥有特定知识的人才能获得或使用，也就是其获得或使用对某种特定知识是否有要求。时间专有性是指数据资源必须在其产生后的很短时间内立即被捕捉，在其产生后的特定时间段内必须被使用。数据、信息、知识的获得时间专有性和获得知识专有性程度不同，也就决定了其价值创造所依赖的关键资源不同，从而决定了拥有不同核心资源和能力的企业在价值链上的不同定位。

2. 外部关系网络和价值网络重构

从资源依赖及分析的视角来看，数据资源虽然具有很高的价值，但是其流动性强、可获得性强、价值流失速度快而且对数据资源的利用方式也易于模仿。大数据资源无形性、知识性的特征也使得其外部关系网络和价值网络重构困难重重。大数据技术具有高度专业性和复杂性，大数据基础设施的运行具有高固定成本、低边际成本的特征，而且对其访问利用呈现高度并发性和波动性。企业以传统方式获取和控制大数据资源和技术成本高昂，而且风险很大，另外大数据技术却使外部资源利用的交易成本和风险大大降低。这就使得企业在大数据资源获得和利用方面倾向于选择介于市场交易与内部生产之间的方式。分享与合作成为企业构建外部关系网络和价值网络的主体。目前，一般企业解决大数据问题的基本思路也是大数据产业链形成的根本推动力，这一方式可以实现大数据资源的柔性配置和规模效益。

（三）新领域再利用的价值

无论是大数据概念与理论的讨论，还是大数据应用层面的探索，都表明大数据研究是有价值、有意义、有发展空间的。大数据涉及多学科知识，大数据时代的管理问题涉及多个领域。无论使用哪种方法和基于哪种视角，都需要强调与其他领域的融合。

大数据产业是典型的知识密集型服务业，除了基础设施环节会带来一定能耗之外，其余环节均为零能耗、高附加值。其在初始资本、法规监管等方面的准入门槛极低，但对人才资源的要求较高。为此，产业竞争呈现出数量大、水平高的特点，企业竞争策略也逐步分化。

1. 竞争者虽多，却未形成过度竞争

大数据从业者正在急剧增加，几乎所有的信息技术企业都在此领域布局，同时创业者持续不断地进入该领域。然而，由此带来的并非过度竞争，而是良性竞争，最终将推动技术的创新和价值的实现。这主要归功于两个原因：一是高创新的属性。大数据技术是信息领域中的高附加值环节，以谷歌、亚马逊等为代表的大数据企业，无论是在技术先进性、创新活跃度还是在市场份额上，都在全球处于领先地位。二是高增长的预期。作为企业个体，在产业急速成长的预期之下，基本都选择了追求专业性的策略，依靠产品性能和服务取胜，而放弃了以往追求低成本的策略。

2. 三类竞争者各具优势

按照技术的变革性与应用水平，竞争者主要分化为三类：一是"联网颠覆者"，如谷歌、亚马逊、Apache 基金会开发了全新的基础技术与数据库构架，依靠免费、开源的所谓互联网模式，彻底改变了原有的技术标准与游戏规则，颠覆了信息技术产业。二是"初生牛犊"，在新的规则面前，大公司与创业者处在同一条起跑线上，一些拥有核心人才与市场嗅觉的创业企业，如 SPLUNK、Cloudera、Evernote 等企业，在特定工具、专业平台方面迅速抢占先机，填补市场空白，获得快速发展，在产业链中拥有了一席之地。三是"系统集成商"，如微软、IBM、HP、Oracle、EMC2、SAP 等。这些传统 IT 巨头拥有强大的资金、研发能力和市场资源。面临大数据的冲击，他们能够敏锐意识到自我革命的紧迫性，并且马上采取应对举措。他们的策略更多是防御性的和商业化的，即依靠已有客户资源、成熟的产品线、丰富的行业经验加上商业并购予以应对。

在技术布局方面，大数据的竞争策略分为两类：一是做细分市场专业产品，这个主要是前两类竞争者，他们专注于技术领域的耕耘，源源不断地制造大量的创新产品与应用，形成了大数据的技术创新生态。二是整合资源，主要是第三类竞争者，依靠并购"初生牛犊"的企业，整合各类资源，将大量专业技术产品组装为面向行业的应用解决方案。

3. 政府是大数据产业的重要一环

与金融、化工、医药等行业相比，大数据并不是一个需要政府强力监管的行业。目前，各国也只在网络安全与隐私保护方面出台了相关监管法案。与此相反，政府将在促进产业发展上扮演着更加重要的角色，主要体现在公共数据的开放上。

大数据时代各行各业的发展都是不可分割的，互相促进、互相融合的。值得一提的是，产业链大数据未来将会具备其独有的生态圈，其结构会同传统的大数据生态圈略有不同，其生态圈构成除了技术、硬件、软件、信息服务等方面外，最重要的就是其所应用的产业链端的全体接入。产业链大数据的生态圈是建立在传统产业链基础上的，是其传统生态圈的升级。因此，产业链大数据的生态圈是多个维度的，按照其应用的产业链，可以无限衍生和扩张。

4. 沿大数据产品价值链的横向延伸

通过大数据分析产业链的具体行业、具体企业的投资并购价值、并购可行性、并购发展潜力等。通过大数据系统对收购方及被收购方的客户集群进行数据分析，计算出其客户重合度，以帮助并购基金、上市公司决策该收购计划的必要性。同时，不只局限于两家企业的个体数据，还会将它们的商业数据与同类公司进行比较，获得客观准确的分析判断。

大数据技术可以构造从生产数据到挖掘、管理、分析信息，以及最后提供解决方案的医疗场景。对普通用户来说，可以及早发现，及时防御。产业链大数据也深深地颠覆着传统的投资及投行领域。（风险投资、私募股权投资）VCPE、上市公司、并购基金的投资、并购行为将越来越多地围绕产业链展开，同时私募股权投资（PE）未来会更多地配合上市公司针对产业链进行投资、并购，从而占领产业链整合之后的巨大收益，产业链并购能达到"1+1＞2"的可能性。

如何发现众多细分行业的龙头拟上市企业，进行价值判断；如何按照产业链思路协助上市公司进行产业链并购；如何提高证券公司直投部门的投资效率，又减少成本开支；如何系统地判断企业所处细分市场的市场地位、竞争力、收入成长性、产业格局、发展趋势等。均是大数据产业链横向延伸的价值提升方式，也将大大促进大数据在新领域再利用的价值。

5. 大数据技术产业链纵向定位与整合

随着大数据的出现和广泛采用，全球各地的企业都在寻找新的方式开展竞争并且获胜。它们不断地转型，以充分利用大量的信息改进整个企业内的决策和绩效。少量领先的企业已经通过为包括从高管到营销和车间工人在内的员工提供信息、技能和工具，从而使他们更好、更及时地做出决策。而从价值链的角度出发，大数据时代的到来，使企业有机会通过大数据分析把价值链上更多的环节转化为企业的战略优势。

大数据要想落地，必须有两个条件：一是丰富的数据源，二是强大的数据挖掘分析能力。目前，IT领域软件开源盛行，逐步降低了大数据分析技术的门槛。很多企业在大数据战略上受挫，往往是因为数据源匮乏。企业要想在大数据时代领先，必须以多种方式获取更多的数据，如多方合作等。这是大数据的基础，也是大数据战略成败的核心。

大数据对于许多人来说不可否认地意味着许多方面，它已经不再局限于技术领域。如今，大数据已成为一项业务上优先考虑的工作任务，因为它能够对全球整合经济时代的商务产生深远的影响。除了为应对长期存在的业务挑战提供解决方案之外，大数据还为流程、组织、整个行业甚至社会本身的转型激发了许多新的方式。而从价值链角度的解读就是：大数据时代的到来，使企业有机会通过大数据分析把价值链上更多的环节转化为企业的竞争优势。

第三节　云计算与大数据

目前，云计算和大数据时代已经到来，云计算已经普及并成为 IT 行业的主流技术。云计算的本质是由越来越大的计算量以及越来越多、越来越动态、越来越实时的数据需求催生出来的一种基础架构和商业模式。云计算时代，个人用户可以将文档、照片、视频、游戏存档记录上传至"云"中永久保存，企业客户根据自身需求，也可以搭建自己的"私有云"，或者托管、租用"公有云"上的 IT 资源与服务。

一、云计算

（一）云计算概述

云计算（Cloud Computing）是由分布式计算（Distributed Computing）、并行处理（Parallel processing）和网格计算（Grid Computing）发展而来的，是一种新兴的商业计算模式。云计算与网络密不可分，云计算的原始含义即是通过互联网提供计算能力。云计算一词的起源与 Amazon 和 Google 两家公司有十分密切的关系，它们最早使用了"Cloud Computing"的表述方式。随着技术的发展，对云计算的认识也在不断地发展变化，目前云计算仍没有形成普遍一致的定义。

狭义的云计算指的是厂商通过分布式计算和虚拟化技术搭建数据中心或超级计算机，以免费或按需租用的方式向技术开发者或者企业客户提供数据存储、分析以及科学计算等服务。比如 Amazon 数据仓库出租服务、阿里服务器出租服务等。

广义的云计算指厂商通过建立网络服务器集群，向各种不同类型的客户提供在线软件使用、硬件租借、数据存储、计算分析等不同类型的服务。广义的云计算包括了更多的厂商和服务类型，如国内用友、金蝶等管理软件厂商推出的在线财务软件，Google 发布的 Google 应用程序套装等。

简单来说，云计算的"云"就是存在于互联网上的服务器集群上的资源，它包括硬件资源（如服务器、存储器、CPU 等）和软件资源（如应用软件、集成开发环境等）。本地计算机只要通过互联网发送一个需求信息，远端就会有成千上万的计算机提供所需资源，并将结果返回到本地计算机，本地计算机几乎不需要做什么，所有的处理都可以由云计算提供商所提供的计算机来完成。

（二）云计算的特点和优势

云计算是信息行业的一项技术变革，下面简单介绍云计算的特点和优势。

1. 云计算的特点

云计算将计算分布在大量的分布式计算机上，而非本地计算机或远程服务器中。打个比方，这种新型计算方式相当于使企业从古老的单台发电机模式转向了电厂集中供电的模式，意味着计算和存储能力也可以作为一种服务形式提供给用户，而用户则可以通过购买获取云端提供的产品和服务。

目前，被大众普遍接受的云计算特点如下：

（1）超大规模

组成"云"的集群一般由多台机器构成。例如，Google 云系统已拥有一百多万台服务器，Amazon、IBM、微软、Yahoo 等的"云"均拥有几十万台服务器，企业私有云也一般拥有数百上千台服务器，这些机器可以一起提供庞大的计算能力。

（2）虚拟化

云计算支持用户在任意位置使用各种终端获取应用服务，所请求的资源来自"云"，而不是固定的有形实体。应用在"云"中某处运行，但用户无需了解，也不用关心应用运行的具体位置，只需要一台笔记本或者一个手机就可以通过网络获取所需的一切服务，甚至包括超级计算这样的任务。

（3）高可靠性

"云"使用了数据多副本容错、计算节点同构可互换等措施来保障服务的高可靠性，使用云计算比使用本地计算机可靠。

（4）通用性

云计算不专属于特定的应用，在"云"的支持下可以构造出千变万化的应用，同一个"云"可以同时支持不同的应用运行。

（5）高可扩展性

云计算的规模可以动态伸缩，满足应用和用户规模增长的需要。

（6）按需服务

云计算有一个庞大的资源池，用户按需购买，像使用自来水、电、煤气一样计费。

（7）极其廉价

"云"的特殊容错措施使其可以用极其廉价的节点来构成；"云"的自动化集中式管理使大量企业无须负担日益高昂的数据中心管理成本；"云"的通用性使资源的利用率较之传统系统大幅提升。用户可以充分享受"云"的低成本优势，经常只要花费几百美元、几天时间就能完成以前需要数万美元、数月时间才能完成的任务。

2. 云计算的优势

云计算是一种新型的商业和服务模式，它的主要优势在于由技术特征和规模效应所带来的较高性价比，简单来说就是：通过廉价的普通机器即可建立集群，并能向使用者提供高性价比的计算和存储等服务。

云计算是基于互联网的计算。允许人们通过互联网访问相同类型的应用程序。云计算的前提是主要计算发生在一台机器上，通常是远程的，而不是当前使用的机器。在此过程中收集的数据由远程服务器（也称为云服务器）存储和处理。这意味着访问云的设备不需要那么辛苦。

通过远程托管软件、平台和数据库，云服务器可以释放单个计算机的内存和计算能力。用户可以使用从云计算提供商收到的数据安全地访问云服务。具体来说，云计算有以下好处：

（1）敏捷性

云计算可以使用户轻松使用各种技术，从而更快地进行创新，并构建几乎任何可以想象的东西。用户可以根据需要快速启动资源，从云服务器、存储和数据库等基础设施服务到物联网、机器学习、数据湖和分析等。

用户可以在几分钟内部署技术服务，并且从构思到实施的速度比以前快了几个数量级。这使用户可以自由地进行试验，测试新想法，以打造独特的客户体验并实现业务转型。

（2）扩展性和弹性

借助云计算，用户无须为日后处理业务活动高峰而预先过度预置资源。相反，用户可以根据实际需求预置资源量。用户可以根据业务需求的变化立即扩展或缩减这些资源，以扩大或缩小容量。

（3）节省成本

云技术将用户的固定资本支出（如数据中心和本地服务器）转变为可变支出，并且只需按实际用量付费。此外，由于规模经济的效益，可变费用比用户自行部署时低得多。

（4）数据安全

云存储提供了许多高级安全功能，可确保数据得到安全存储和处理。通过联合角色进行精细权限和访问管理等功能可以将敏感数据的访问权限限制在需要访问它的员工，从而减少恶意行为者的攻击面。

云存储提供商为其平台及其处理的数据实施基线保护，例如身份验证、访问控制和加密。从那里开始，大多数企业通过自己的附加安全措施来弥补这些保护，以加强云数据保护并加强对云中敏感信息的访问。

（5）快速部署

借助云，用户可以扩展到新的地理区域，并在几分钟内进行全局部署。例如，AWS的基础设施遍布全球各地，因此用户只需单击几下即可在多个物理位置部署应用程序。将应用程序部署在离最终用户更近的位置可以减少延迟并改善他们的体验。

（6）促进合作

云环境可以实现团队之间更好的协作：开发人员、QA、运营、安全和产品架构师都暴露在相同的基础设施中，并且可以同时操作而不会互相干扰。云角色和权限有助于更好地了解和监控谁在何时做了什么，以避免冲突和混乱。可以为特定目的构建不同的云环境，例如登台、QA、演示或预生产。以透明的方式进行协作要容易得多，并且要鼓励这样做。

（7）无限存储容量

云本质上具有无限容量，可以在各种云数据存储类型中存储任何类型的数据，具体取决于数据的可用性、性能和访问频率。经验法则是，存储成本会随着数据可用性、性能和访问频率的提高而上升。创建和优化云成本结构策略可以显著降低云存储成本，同时保持公司与云中数据存储相关的业务目标。

（8）备份和恢复数据

数据可以在没有容量限制的情况下存储在云中这一事实也有助于备份和恢复目的。由于最终用户数据会随着时间的推移而发生变化，并且出于法规或合规性原因需要对其进行跟踪，因此可以存储较旧的软件版本以供后期使用，以备恢复或回滚时需要。

二、云计算的分类

在云计算中，硬件和软件都被抽象为资源并被封装为服务，向云外提供，用户则以互联网为主要接入方式，获取云中提供的服务。云计算可以从两个方面来分类：一是按照所有权来分，二是按照服务类型来分。按照所有权来分，可将云计算分为私有云、公有云和混合云三类；按照服务类型来分，可将云计算分为基础设施即服务（Infrastructure-as-a-Service，简称 IaaS）、平台即服务（Platform-as-a-Service，简称 PaaS）、软件即服务（Software-as-a-Service，简称 SaaS）、数据即服务（Data-as-a-Service，简称 DaaS）四类。

（一）私有云、公有云和混合云

云计算作为一种革新性的计算模式，具有许多现有模式所不具备的优势，也带来了一系列商业模式上和技术上的挑战。首先是安全问题，对于那些对数据安全要求很高的企业（如银行、保险、贸易、军事等）来说，客户信息是最宝贵的财富，一旦被人窃取或损坏，后果将不堪设想；其次则是可靠性问题，例如，银行希望其每一笔交易都能快速、准确地完成，因为准确的数据记录和可靠的信息传输是让用户满意的必要条件；最后还有监管问题，有的企业希望自己的 IT 部门完全被公司所掌握，不受外界的干扰和控制。虽然云计算可以通过系统隔离和安全保护措施保障用户数据安全，并通过服务质量管理为用户提供可靠的服务，但仍有可能无法同时满足上述所有需求。

针对这些问题，业界按照云计算提供者与使用者的所属关系（或者说所有权）为划分标准，将云计算分为三类，即公有云、私有云和混合云。用户可以根据自身需求，选择适合自己的云计算模式。

1. 公有云

公有云，或者称为公共云，是由第三方（供应商）提供的云服务，这些云在公司防火墙之外，由云提供商完全承载和管理，一般可通过 Internet 使用，可能是免费的或成本低廉的。

公有云的优点是：云服务提供者能够以低廉的价格，提供有吸引力的服务给最终用户，创造新的业务价值；公有云作为一个支撑平台，能够整合上游的服务（如增值业务、广告）和下游最终用户，打造新的价值链和生态系统。

公有云尝试为使用者提供无后顾之忧的 IT 服务。无论是软件、应用程序基础结构还是物理结构，云提供商都负责安装、管理、供给和维护，客户为其使用的资源付费即可，不会存在利用率低的问题。但是这要付出一些代价，因为这些服务通常根据"配置惯例"提供，即根据适应最常见使用情形的原则提供，如果资源由使用者直接控制，则配置选项一般是这些资源的一个较小子集；而且，由于使用者几乎无法控制基础结构，公有云并不一定适用于需要严格的安全性和法规遵从性的流程。

公有云目前在国内的发展如火如荼，被认为是云计算服务的主要模式。根据市场参与者类型，国内的公有云服务可分为四类：一类为传统电信基础设施运营商，包括中国移动、中国联通和中国电信；一类为政府主导的地方云计算平台，如各地相关云项目；一类为互联网巨头打造的公有云平台，如盛大云；一类为部分原 IDC 运营商，如世纪互联。

2. 私有云

私有云是在企业内提供的云服务，这些云在公司防火墙之内，由企业管理。私有云兼具公有云的优点，且在某些方面有超过公有云的优势：首先，公司拥有基础设施，因而可以控制在此基础设施上部署应用程序的方式，并控制各种资源的全部配置选项；其次，由于安全性和法规问题，当要执行的工作类型对公有云不适用时，使用私有云就较为合适。缺点则是企业可能难以承担建设并维护内部云的困难和成本，且内部云的持续运营成本可能会超过使用公有云的成本。

私有云既可以部署在企业数据中心的防火墙内，也可以部署在一个安全的主机托管场所；既可以由公司自己的 IT 机构构建，也可由云提供商构建。在"托管式专用"模式中，可以委托像 Sun、IBM 这样的云计算提供商来安装、配置和运营基础设施，以支持一个公司企业数据中心内的专用云。此模式赋予公司对云资源使用情况的极高控制能力，同时也带来了建立并运作该环境所需要的专门知识。

3. 混合云

混合云是公有云和私有云的混合，这些云一般由企业创建，而管理职责由企业和公有云提供商共同承担。

混合云提供既在公共空间又在私有空间中的服务，从这个意义上说，公司可以列出服务目标和需求，然后对应地从公有云或私有云中获取。结构完好的混合云可以为至关重要的流程（如接受客户支付）以及辅助业务流程（如员工工资单流程）提供服务。混合云的主要缺点是很难有效创建和管理此类架构，且私有和公共组件之间的交互会使实施更加复杂。

（二）IaaS、PaaS、SaaS、DaaS

按服务类型，可以将云计算分为基础设施即服务（IaaS）、平台即服务（PaaS）、软件即服务（SaaS）、数据即服务（DaaS）四种类型。

1.IaaS：基础设施即服务

IaaS 即是把厂商的由多台服务器组成的"云端"基础设施作为计量服务提供给用户的模式。具体来说，它将内存、I/O 设备、存储和计算能力整合成一个虚拟的资源池，为用户提供所需要的存储资源和虚拟化服务器等服务，用户通过 Internet，即可从厂商完善的计算机基础设施上获取这种服务，这是一种托管型硬件方式，即由用户付费使用厂商的硬件设施。例如，Amazon 的 EC2、微软 Azure 平台、中国电信上海公司与 EMC 合作的"e 云"等。

在 IaaS 中，用户能够部署和运行任意软件，包括操作系统和应用程序。虽然用户不用管理或控制任何云计算基础设施，但可以选择操作系统，管理储存空间与部署的应用，也可能获得有限制的网络组件（例如，防火墙、负载均衡器等）的控制权限。

IaaS 要通过按需分配计算能力来满足用户需求。此外，由于该层一般使用虚拟化技术，因此可以享受更高的资源利用率，从而更有效地节约成本。

IaaS 的优点是用户只需采购较低成本的硬件，就能按需租用较高的计算能力和存储能力，大大降低了用户的硬件开销。

2.PaaS：平台即服务

PaaS 是指将软件研发的平台作为服务提供的模式，将应用程序的基础结构视为服务，包括但不仅限于中间件作为服务、消息传递作为服务、集成作为服务、信息作为服务、连接性作为服务等，主要目的是支持应用程序运行。

PaaS 能够给企业或个人提供研发的中间件平台。PaaS 厂商提供开发环境、服务器平台、硬件资源等服务给用户，用户则在该平台基础上定制开发自己的应用程序，并通过其服务器和互联网传递给其他用户。

Google App Engine，Salesforce 的 force.com 平台、八百客的 800APP 等都是 PaaS 的代表产品。以 Google App Engine 为例，它是一个由 Python 应用服务器群、BigTable 数据库与 GFS 组成的平台，能够为开发者提供一体化主机服务器以及可自动升级的在线应用服务。用户只需编写应用程序并在 Google 的基础架构上运行，就可以为互联网用户提供服务，应用运行及维护所需要的平台资源则由 Google 提供。

3.SaaS：软件即服务

使用 SaaS 模式的服务提供商将应用软件统一部署在自己的服务器上，用户根据需求，通过互联网向厂商订购应用软件服务，服务提供商通过浏览器向客户提供软件，并根据用户所需软件的数量以及时间等因素收费。

这种服务模式的优势是：由服务提供商维护、管理软件并提供软件运行的硬件设施，用户只需拥有能够接入互联网的终端即可随时随地使用软件。在该模式下，客户不用再像传统模式那样在硬件、软件及维护人员上花费大量资金，而是只需支出一定的服务租赁费用，就可以通过互联网享受到相应的硬件、软件和维护服务，这是网络应用最具效益的运营模式。对于小型企业来说，SaaS 是采用先进技术的最好途径。

以企业管理软件为例，SaaS 模式的 ERP（Enterprise Resource Planning，企业资源管理系统）可以让客户根据并发用户数量、所用功能、数据存储容量、使用时间等因素的不同组合按需支付服务费用，而不用支付软件许可费用与服务器等硬件设备采购的费用，也不需要支付购买操作系统和数据库等平台软件的费用，更不用承担软件项目定制、开发、实施费用以及 IT 维护部门的开支。实际上，SaaS 模式的 ERP 正体现了 SaaS 免许可费用而只收取服务费用这一最重要的特征，是突出了服务的 ERP 产品。

目前，Salesforce.com 是最著名的 SaaS 提供商，Google Doc、Google Apps 和 Zoho Office 所提供的也属于这类服务。

4.DaaS：数据即服务

云计算的本质是数据处理技术。在信息社会，数据逐渐成了一种宝贵的资产，正如一句话所说：谁拥有了大数据，谁就拥有了未来，而 DaaS 就是把大数据中潜在的价值发掘出来，并根据用户需求提供服务的模式。

DaaS（数据即服务）包含两层含义：

首先，DaaS 提供公共数据的访问服务，让用户可以随时访问任意内容的数据。例如，某个用户想查看过去十年的天气情况，数据服务提供者就可以提供这些数据，并且可以提供按照不同国家、地区、季度、月份给出的数据，所以公共数据的访问是灵活性的、多角度的、全方位的。

其次，DaaS 可以提供数据中潜在的价值信息。例如，一个全球连锁的汽车销售企业可以向数据服务提供商购买有关全球不同国家和地区人们购买汽车情况的信息，诸如某地的人喜欢买什么品牌的汽车，汽车风格的偏好与人的职业之间又存在何种关联等，获取这些信息后，汽车销售企业就可以根据具体情况安排销售计划。

三、云计算与大数据的关系

在计算机领域，云计算技术受到学术界和产业界的广泛青睐和支持，随后大数据技术也活跃起来，那么，云计算与大数据之间是什么关系呢？

从技术上看，大数据根植于云计算，云计算关键技术中的海量数据存储和管理技术以

及 MapReduce 并行编程模型都是大数据技术的基础，除此之外，云计算技术还包含虚拟
化技术和云平台管理等技术，如表 2-1 所示。

表 2-1　从技术角度看云计算和大数据的关系

云计算技术	描述
虚拟化技术	软硬件隔离，整合资源
云计算平台管理技术	大规模系统运营，快速故障检测与恢复
MapReduce 编程模型	分布式编程模型，用于并行处理大规模数据集的软件框架
海量数据存储技术	分布式存储方式存储数据，冗余存储方式保证系统可靠
海量数据管理技术	NoSQL 数据库，进行海量数据管理以便后续分析挖掘

从整体上看，大数据与云计算是相辅相成的，二者的异同如表 2-2 所示：大数据着眼
于"数据"，关注实际业务，包括数据采集、分析与挖掘服务，看重的是信息积累，即数
据存储能力；云计算着眼于"计算"，关注 IT 解决方案，提供 IT 基础架构，看重的是计
算能力，即数据处理能力。大数据技术能处理各种类型的海量数据，包括微博、图片、文
章、电子邮件、文档、音频、视频以及其他类型的数据；它对数据的处理速度非常快，几
乎实时；它具有普及性，因为它使用的都是最普通的低成本硬件。云计算技术则将计算任
务分布在大量计算机构成的资源池上，使用户能够按需获取计算处理能力、存储空间和其
他服务，实现了廉价获取超智能计算和存储的能力，这种"低成本硬件 + 低成本软件 + 低
成本运维"模式更加经济和实用，能够很好地支持大数据存储和处理需求，使得从大数据
中获得有价值的信息成为可能。

表 2-2　云计算和大数据技术的异同

		大数据	云计算
差异点	总体关系	云计算为大数据提供了有力的工具和途径，大数据为云计算提供了有价值的用武之地	
	相同点	①都是为数据存储和处理服务 ②都需要占用大量的存储和计算资源，因而都要用到海量数据存储技术、海量数据管理技术、MapReduce 等并行处理技术	
	背景	现有的数据处理不能胜任社交网络和物联网产生的大量异构数据，但这些数据存在很大价值	基于互联网的相关服务日益丰富和频繁
	目的	充分挖掘海量数据中的信息	通过互联网更好地调用、扩展和管理计算及存储方面的资源和能力
	对象	数据	IT 资源、能力和应用
	推动力量	从事数据存储与处理的软件厂商、拥有大量数据的企业	生产计算及存储设备的厂商、拥有计算及存储资源的企业
	价值	发现数据中的价值	节省 IT 部署成本

云计算是一种全新的技术和商业模式，它可以通过建立网络服务器集群，向各种不同
类型的用户提供软件在线使用、硬件租借、数据存储、计算分析等不同类型的服务，为云
服务的用户降低 IT 成本。

第四节 云计算技术与云计算平台

云计算技术基于新的软、硬件基础架构将现有的计算资源集中，并使用虚拟化技术，把集中在虚拟化资源池中的这些实体硬件资源分配给相应的虚拟硬件，然后通过网络向用户提供跨越地理空间限制的各类资源服务。由此可见，虚拟化技术和分布式技术是云计算技术架构的两大核心组成部分，接下来对这两项技术进行详细介绍。

一、虚拟化技术

虚拟是相对于真实而言的，虚拟化就是将原本运行在真实环境下的计算机系统或组件运行在虚拟出来的环境中。一般来说，计算机系统分为若干层次，从下至上包括底层硬件资源（内存、硬盘、主板等），操作系统提供的应用程序编程接口，以及运行在操作系统之上的应用程序。虚拟化技术在这些不同层次之间构建虚拟化层，向上提供与真实层次相同或类似的功能，使上层系统可以运行在该虚拟化中间层之上。虚拟化中间层解除了上、下两层间的耦合关系，使上层的运行不依赖于下层的具体实现。

虚拟化技术是实现云计算最重要的技术基础。通过虚拟化技术，能够实现物理资源的逻辑抽象表示，提高资源的利用率，并能够根据用户不同的需求，灵活地进行资源分配和部署。

（一）虚拟化技术的概念

计算机虚拟化（Computer Virtualization）是一个广义的术语，简单来说，是指计算机相关模块在虚拟的基础上而不是在真实独立的物理硬件基础上运行。这种把有限的固定资源根据不同的需求进行重新规划以达到最大利用率，从而实现简化管理、优化资源等目的的思路，就叫作虚拟化技术。

以下是一些行业标准组织对虚拟化的定义：

"虚拟化是表示计算机资源的抽象方法，通过虚拟化可以使用与访问抽象方法一样的方法访问抽象后的资源。这种资源的抽象方法并不受地理位置或底层设置的限制。"

——Wikipedia(维基百科)

"虚拟化是为某些事物创造的虚拟（相对于真实）版本，比如操作系统、存储设备和网络资源等。"

——Whatls.com(信息技术术语库)

通过上面的定义可以看出，虚拟化包含以下三层含义：

以一个简单的例子来更形象地理解操作系统中的虚拟化技术：内存和硬盘两者具有相

同的逻辑表示，通过将其虚拟化能够向上层隐藏许多细节，比如，怎样在硬盘上进行内存交换和文件读写，或者怎样在内存与硬盘之间实现统一寻址和换入/换出等。对使用虚拟内存的应用程序而言，它们仍然可以使用相同的分配、访问和释放指令来对虚拟化之后的内存和硬盘进行操作，就如同在访问真实存在的物理内存一样，因此，用户看到的内存容量会增加很多。

通过对虚拟化技术概念的介绍，可以看出虚拟化技术具有以下优势：

（1）虚拟化技术可以大大提高资源的利用率。具体来说，就是可以根据用户的不同需求，对 CPU、存储、网络等公有资源进行动态分配，避免出现资源浪费。

（2）虚拟化技术可以提供相互隔离的安全、高效的应用执行环境。虚拟化简化了表示、访问和管理多种 IT 资源的复杂程度，这些资源包括基础设施、系统和软件等，并为这些资源提供标准的接口来接收输入和提供输出。由于与虚拟资源进行交互的方式没有变化，即使底层资源的实现方式发生了改变，最终用户仍然可以重用原有的接口。

（3）虚拟化系统能够方便地管理和升级资源。虚拟化技术降低了资源使用者与资源的具体实现之间的耦合程度，系统管理员对 IT 资源的维护与升级不会影响到用户的使用。

（二）虚拟化的技术实现

虚拟化技术的虚拟对象是各种 IT 资源，根据这些资源在整个计算机系统中所处的层次，可以划分出不同类型的虚拟化，包括基础设施虚拟化、系统虚拟化和软件虚拟化。其中，系统虚拟化是大家最熟悉的、平时接触也较多的一类。例如，软件 VMware Workstation，它能在 PC 上虚拟出一个逻辑硬件系统，用户可以在这个虚拟系统上安装和使用另一个操作系统及其上面的应用程序，就如同在使用一台独立计算机，这样的虚拟系统称为虚拟机，像 VMware Workstation 这样的软件被称为虚拟化套件，负责虚拟机的创建、运行和管理，接下来分别对这三类虚拟化技术进行介绍。

1. 基础设施虚拟化

存储、文件系统、网络是支撑信息系统运行的重要基础设施，本书将硬件（CPU、内存、硬盘、声卡、显卡、光驱）虚拟化、网络虚拟化、存储虚拟化、文件虚拟化归类为基础设施虚拟化。

硬件虚拟化是用软件在物理硬件的基础上虚拟出一台标准计算机的硬件配置，如利用 CPU、内存、硬盘、声卡、显卡、光驱等，使其成为一台虚拟裸机，可以在上面安装虚拟操作系统，代表产品有 VMware、VirtUal PC、Virtual Box 等。

网络虚拟化将网络的硬件和软件资源整合，向用户提供网络连接的虚拟化技术。网络虚拟化可以分为局域网络虚拟化和广域网络虚拟化：在局域网络虚拟化技术中，多个本地网络被组合成为一个逻辑网络，或者一个本地网络被分割为多个逻辑网络，以此提高企业局域网或者内部网络的使用效率和安全性，典型代表是虚拟局域网（Virtual LAN，

VLAN）；广域网络虚拟化技术应用最广泛的是虚拟专网（Virtual Private Network，VPN），虚拟专网抽象网络连接，使得远程用户可以安全地访问内部网络，并且感觉不到物理连接和虚拟连接的差异。

存储虚拟化是为物理的存储设备提供统一的逻辑接口，用户可以通过统一的逻辑接口来访问被整合的存储资源。存储虚拟化主要有基于存储设备的虚拟化和基于网络的存储虚拟化两种主要形式。基于存储设备的虚拟化技术的典型代表为磁盘阵列技术（Redundant Arrays of Independent Disks），通过将多块物理磁盘组成磁盘阵列，构建了一个统一的、高性能的容错存储空间；基于网络的存储虚拟化技术的典型代表为存储区域网（Storage Area Network，SAN）和网络存储（Network Attached Storage，NAS），SAN 是计算机信息处理技术中的一种架构，它将服务器和远程的计算机存储设备（如磁盘阵列、磁带库等）连接起来，使得这些存储设备看起来就像是本地的一样；NAS 与 SAN 相反，MAS 使用基于文件（Filebased）的协议，虽然仍是远程存储，但计算机请求的是抽象文件，而不是一个磁盘块。

文件虚拟化是指把物理上分散存储的众多文件整合为一个统一的逻辑接口，使用户通过网络访问数据时，即使不知道真实的物理位置，也能在同一个控制台上管理分散在不同位置的存储异构设备的数据，以方便用户访问，提高文件管理效率。

2. 系统虚拟化

对于大多数熟悉或从事 IT 工作的人来说，系统虚拟化是目前被广泛接受和认识的一种虚拟化技术。系统虚拟化实现了操作系统与物理计算机的分离，使得在一台物理计算机上可以同时安装和运行一个或多个虚拟的操作系统。对操作系统上的应用程序而言，与被直接安装在物理计算机上的操作系统没有显著差异。

系统虚拟化的核心思想是使用虚拟化软件在一台物理机上虚拟出一台或多台虚拟机，而虚拟机是指使用系统虚拟化技术，运行在一个隔离环境中且具有完整硬件功能的逻辑计算机系统，包括客户操作系统和其中的应用程序。

系统虚拟化技术允许多个操作系统互不影响地在同一台物理机上同时运行，复用物理机资源。举例来说，应用于 IBMz 系列大型机的系统虚拟化技术、应用于基于 Power 架构的 IBM p 系列服务器的系统虚拟化技术和应用于 x86 架构的个人计算机的系统虚拟化技术都属于系统虚拟化技术。对于这些不同类型的系统虚拟化技术，虚拟机运行环境的设计和实现不尽相同，但是，所有的虚拟运行环境都需要为在其上运行的虚拟机提供一套虚拟的硬件环境，包括虚拟的处理器、内存、设备与 I/O 及网络接口等。同时，虚拟运行环境也为这些操作系统提供了诸多特性，如硬件共享、系统隔离等。

在 PC 上的系统虚拟化技术具有丰富的应用场景，其中最常见的就是运行与本机操作系统不兼容的应用程序。例如，一个用户使用的是 Windows 系统的 PC，但需要用到一个只能在 Linux 系统下运行的应用程序，那么他只需在 PC 上虚拟出一台虚拟机并在上面安装 Linux 操作系统，就可以使用他所需要的应用程序了。

系统虚拟化技术的主要价值在于服务器虚拟化。目前，数据中心大量使用 x86 服务器，一个大型的数据中心中往往托管了数以万计的 x86 服务器，出于安全、可靠和性能的考虑，这些服务器基本只运行着一个应用服务，导致服务器利用率低下。由于服务器通常具有很强大的硬件能力，如果在同一台物理服务器上虚拟出多个虚拟服务器，每个虚拟服务器运行不同的服务，这样便可提高服务器的利用率，从而减少机器数量，降低运营成本，节省物理存储空间及电能，达到既经济又环保的目的。

除了在 PC 和服务器上使用虚拟机进行系统虚拟化，桌面虚拟化技术同样可以实现在同一个终端环境上运行多个不同系统的目的。桌面虚拟化技术解除了 PC 的桌面环境（包括应用程序和文件等）与物理机之间的耦合关系，经过虚拟化后的桌面环境被保存在远程的服务器上，而不是在 PC 的本地硬盘上，这意味着当用户在该桌面环境上工作时，所有的程序与数据都运行着，并最终被保存在这个远程服务器上，用户可以使用任何具有足够显示能力的兼容设备，如 PC、智能手机等，来访问和使用自己的桌面环境。

3. 软件虚拟化

除了针对基础设施和系统的虚拟化技术，还有另一种针对软件的虚拟化技术。例如，用户所使用的应用程序和编程语言都可以运行在相对应的虚拟化环境里。目前，业界公认的此类虚拟化技术主要包括应用虚拟化技术和高级语言虚拟化技术。

应用虚拟化技术将应用程序与操作系统解耦合，为应用程序提供了一个虚拟的运行环境。在这个环境中，不仅包括应用程序的可执行文件，还包括其运行时所需要的环境。当用户需要使用某款软件时，应用虚拟化服务器可以实时将用户所需的程序组件推送到客户端的运行环境。当用户完成操作并关闭应用程序后，他所修改过的数据会被上传到服务器集中管理，这样一来，用户将不用再局限于单一的客户端，而是可以在不同的终端上使用自己的应用。

高级语言虚拟化技术解决的是可执行程序在不同体系结构的计算机间迁移的问题。在高级语言虚拟化技术中，由高级语言编写的程序被编译为标准的中间指令，这些中间指令在解释执行或动态翻译环境中被执行，因而可以运行在不同的体系结构之上。例如，被广泛应用的 Java 虚拟机技术就是通过解除下层的系统平台（包括硬件与操作系统）与上层的可执行代码之间的耦合，实现了代码的跨平台执行：用户编写的 Java 源程序通过 JDK 提供的编译器被编译为与平台无关的字节码，作为 Java 虚拟机的输入，Java 虚拟机则将字节码转换为在特定平台上可执行的二进制机器代码，从而实现了"一次编译，处处执行"的效果。

二、分布式技术

随着网络基础设施与服务器性能的不断提升，分布式系统架构开始越来越多地为人所关注，其以传统信息处理架构无法比拟的优势，成为云计算系统的另一核心技术。

分布式系统（Distributed System）是建立在网络之上的支持分布式处理的软件系统。分布式系统同样具有软件的内聚性和透明性特征：内聚性是指每一个分布节点高度自治，由独立的程序进行管理；透明性是指每一个分布节点对用户的应用来说都是透明的，看不出是本地还是远程。

在一个分布式系统中，每组独立的计算资源展现给用户的是一个统一的整体，看上去像一个系统。系统拥有多种通用的物理和逻辑资源，可以动态地分配任务，分散的物理和逻辑资源可以通过计算机网络实现信息交换。

分布式系统以全局方式管理系统资源，它可以任意调度网络资源，并且调度过程是透明的。在使用分布式系统的过程中，用户并不会意识到有多个处理器的存在，整个系统就像一个处理器一样；同样，用户也不会意识到有多个存储设备的存在。通过这种方式，分布式系统可以提供海量的数据存储和处理服务。使用分布式系统架构整合的超级计算机能够通过分布式文件系统、分布式数据库和分布式并行计算技术，提供海量文件存储、海量结构化数据存储、统一的海量数据处理编程方法及其运行环境，下文将会对这些技术进行详细介绍。

分布式系统虽然具有存储和计算能力优势，但也存在一定的局限性。

2000年，Brewer（加州大学伯克利分校教授）提出一个重要的分布式系统理论——CAP（Consistency、Availability、Partition-tolerance）理论。CAP理论指出：一个分布式系统不可能同时满足一致性（Consistency）、可用性（Availability）和分区容忍性（Partition-tolerance）这三个需求，最多只能同时满足其中的两个，原因如下。

（1）一致性：在分布式系统中，一个数据往往会存在多份副本。简单来说，一致性使客户对数据的修改操作（增、删、改）要么在所有的数据副本上全部成功，要么全部失败，即修改操作对于一份数据的所有副本而言是原子操作。如果一个存储系统可以保证一致性，那么客户读或写的数据可以完全保证是最新的，不会发生两个不同的客户端在不同的存储节点中读取到不同副本的情况。

（2）可用性：顾名思义，可用性就是指在客户端想要访问数据的时候能够得到响应。但应注意的是，系统可用并不代表存储系统所有节点提供的数据是一致的。比如，客户端想要读取文章评论，系统端返回客户端的评论数据中缺少最新的一条，但这种情况下仍然要说系统是可用的。系统往往会对不同的应用设定一个最长响应时间，超过这个响应时间的服务才称之为不可用的。

（3）分区容忍性：即是否允许数据的分区，分区的意思是指使集群中的节点之间无法通信。如果存储系统只运行在一个节点上，要么系统整个崩溃，要么全部运行良好，而一旦针对同一服务的存储系统分布到多个节点后，整个系统就存在分区的可能性。例如，两个节点之间如果出现网络断开（无论长时间或者短暂的）就形成了分区。对当前的互联网公司（如 Google）来说，为了提高服务质量，同一份数据放置在不同城市乃至不同国家都是很正常的，在节点之间已形成分区的情况下，除全部网络节点全部故障外，所有子节点集合的故障都不会导致整个系统不正确响应。

因此，在设计一个分布式文件系统时，必须考虑放弃上述三个特性中的一个：

（1）如果要满足分区容忍性和一致性，为保证数据的一致性，如果节点出现故障，只能等其恢复正常后再完成数据操作，这就保证不了在一定响应时间内数据的可用性。

（2）如果要满足可用性和一致性，为保证可用性，数据必须至少有两个副本，这样系统显然无法容忍分区，而当同一数据的两个副本分配到两个无法通信的分区上时，显然会返回错误的数据。

（3）如果要满足可用性和分区容忍性，为保证可用，数据必须要在不同节点中有两个副本，却又必须保证在产生分区时仍然可以完成操作，则操作必然无法保证一致性。

（一）分布式文件系统

随着数据量的增大，单纯通过增加硬盘个数来扩展存储容量的方式在容量大小、扩容速度、数据备份、数据安全等方面的表现都不尽如人意，而分布式文件系统可以有效解决这一难题：将固定于某个地点的单个文件系统扩展到任意多个地点和多个文件系统，并将众多存储节点组成一个文件系统网络，每个节点可以分布在不同的地点，通过网络进行节点间的通信和数据传输。用户在使用分布式文件系统时，无需关心数据是存储在哪个节点上，无论从哪个节点处获取的，只需像使用本地文件系统一样管理和存储其中的数据。

1.分布式文件系统的概念和特点

分布式文件系统（Distributed File System）是指文件系统管理的物理存储资源并不一定直接连接在本地节点上，也有可能是通过计算机网络与节点相连，亦称集群文件系统，可以支持大数量的节点以及 PB 级的数据存储。

分布式文件系统的最大特点是：数据分散存储在分布式文件系统的各个独立节点上，供用户透明地存取。分布式文件系统采用可扩展的系统架构，利用多台存储服务器分担存储负荷，利用位置服务器定位存储信息，不但提高了系统的可靠性、可用性和存取效率，也易于文件系统的扩展。

以高性能、高容量为主要特性的分布式文件系统必须满足以下四个条件：

①应用于网络环境中。

②单个文件的数据分布存放在不同的节点上。

③支持多个终端、多个进程的并发存取。

④提供统一的目录空间和访问名称。

分布式文件系统因其高容量、高性能、高并发性以及低成本的特点，获得了众多IT企业，特别是互联网服务提供企业的广泛关注和支持。目前，很多提供云存储服务的产品都以分布式文件系统作为基础。

2. 分布式文件系统的体系架构

（1）分布式文件系统体系架构的类型

目前，分布式系统的应用体系架构主要有两种实现类型：一种是中心化（Centralization）体系架构，另一种是去中心化（Decentralization）体系架构。

中心化体系架构，顾名思义，就是以一个系统中的节点作为中心节点，其他节点直接与该中心节点相连而构成的网络。此类架构中，中心节点维护整个网络的元数据信息，任何对系统的分布式请求都要经过中心节点，中心节点处理通过后，再将任务分配给各个节点，分配到任务的各个节点则在处理完成后将结果直接返回到目标位置。因此，中心节点通常相当复杂，通信的负载也最大，而各个节点的负载则相对较小。

中心化体系架构可能会因中心节点失效而导致整个系统瘫痪，为解决这一问题，中心节点都会配置有副中心节点，当主中心节点失效后，副中心节点将会接管。

相对于中心化体系架构，去中心化体系架构中不再存在某些中心节点，从总体上说，此类架构每个节点的功能都是类似的或者说对称的。

对于去中心化体系架构而言，最重要的问题就是如何把这些节点组织到一个网络中，因为一般而言，系统中的一个节点不可能知道系统中所有其他的节点，它只能知道在这个网络中自己的邻居，并与这些邻居直接交互。

（2）两种体系架构的比较

中心化体系架构与去中心化体系架构相比较各有优缺点。

中心化体系架构的优点和缺点：

优点：一致性管理方便，可以对节点进行直接查询。

缺点：存在访问的"热点"现象，单台服务器会形成瓶颈，容易造成单点故障，且单点故障会影响整个系统的可用性。

去中心化体系架构的优点和缺点：

优点：消除了单点故障，可用性高。

缺点：一致性管理复杂，高度依赖节点间的网络通信，交换机故障所导致的分割依然会造成故障，且不能对节点进行直接查询。

综上所述，中心化体系架构的最大优势是结构简单、管理方便、查询效率高；而去中心化体系架构的最大优势是可用性高、可扩展性强。两种体系架构综合性能的比较如表2-3所示。

表 2-3　两种体系结构的性能比较

比较	中心化	去中心化
可扩展性	低	高
可用性	中	高
可维护性	高	低
动态一致性	低	高
节点查询效率	高	低
执行效率	高	低

（二）分布式数据库系统

分布式数据库系统，通俗地说，就是物理上分散而逻辑上集中的数据库系统。分布式数据库系统使用计算机网络，将地理位置分散但管理和控制又需要不同程度集中的多个逻辑单位（通常是集中式数据库系统）连接起来，共同组成一个统一的数据库系统。因此，分布式数据库系统可以看成是计算机网络与数据库系统的有机结合。

在分布式数据库系统中，被计算机网络连接的每个逻辑单位是能够独立工作的计算机，这些计算机称为站点（site）或场地，也称为结点（node）。所谓地理位置上分散，即指各站点分散在不同的地方，大可以到不同国家，小可以仅指同一建筑物中的不同位置；所谓逻辑上集中，是指各站点之间不是互不相关的，而是一个逻辑整体，由一个统一的数据库管理系统进行管理，这个数据库管理系统就称为分布式数据库管理系统（Distributed Database Management System，DDBMS）。

一个分布式数据库系统应该具有如下特点：

1. 物理分布性

分布式数据库系统中的数据不是存储在一个站点上，而是分散存储在由计算机网络连接起来的多个站点上，而且这种分散存储用户是感觉不到的。因此，分布式数据库系统的数据具有物理分布性，这是与集中式数据库系统的较大差别之一。

2. 逻辑整体性

分布式数据库系统中的数据在物理上分散在各个站点中，但这些分散的数据在逻辑上却构成一个整体，它们被分布式数据库系统的所有用户（全局用户）共享，并由一个分布式数据库管理系统进行统一管理，该系统对用户来说是透明的。

3. 站点自治性

站点自治性也称场地自治性，即各站点上的数据由本地的数据库管理系统管理，具有自治处理能力。

目前几种主流的分布式数据库系统如下：

（1）BigTable：Google 公司使用的分布式数据库系统，用于处理海量数据，通常是分布在数千台普通服务器上的 PB 级数据。BigTable 实现了适用性广泛、可扩展、高性能和高可用性的目标，已应用到超过 60 个 Google 产品和项目上，包括 Google Analytics、

Google Finance、Orkut、PersonalizedSearch、Writely 和 Google Earth。

（2）Hbase：全称 Hadoop Database，是一个以 Google BigTable 为技术基础的分布式文件系统，使用 Java 语言编写，具有高可靠性、高性能、面向列、可伸缩等特点。

（3）CouchDB：一个流行的开源非关系型分布式数据库，表以文档格式存储数据而不是存储内容，使用 JavaScript 语言作为查询语言。

（4）MongoDB：一个用 C++ 语言编写的分布式数据库，以高性能、易部署、易使用、存储数据方便为主要特点，存储数据类型较为丰富，支持 Java、C++、PHP、Ruby、Python 等多种语言。

（三）分布式计算

传统上认为，分布式计算是一种把需要进行大量计算的数据分割成小块，由多台计算机分别计算后上传计算结果，再将结果合并起来得出所需结果的计算方式。也就是说，分布式计算一般是指通过网络，将多个独立的计算节点（即物理服务器）连接起来共同完成一个计算任务的计算模式。通常这些节点都是物理上独立的，它们可能距离很近，比如处于同一个物理机房内部，也可能相距很远，比如分布在整个 Internet 上。而目前业界对分布式计算的定义为：即使是在同一台服务器上运行的不同进程，只要通过消息传递机制，而非共享全局数据的形式来协调并共同完成某个特定任务的计算，也被认为是分布式计算。

分布式计算将大任务转化为小任务，任务之间相互独立，上个任务的结果未返回或结果处理错误，对下一个任务的处理几乎没有什么影响。因此，分布式计算的实时性要求不高，而且允许存在计算错误（因为每个计算任务会分配给多个参与者计算，服务器会对上传的计算结果进行比较，并对存在较大差异的结果进行验证）。

一般来说，分布式计算具有以下特征：

（1）由于网络可跨越的范围非常广，因此如果设计得当，分布式计算的可扩展性会非常好。

（2）分布式计算中的每个节点都有自己的处理器和内存，并且该节点的处理器只能访问自己的内存。

（3）在分布式计算中，节点之间的通信以消息传递为主，数据传输较少，因此每个节点看不到全局，只知道自己负责部分的输入和输出。

（4）在分布式计算中，节点的灵活性很大，单个节点可随时加入或退出，各个节点的配置也不尽相同，但一个拥有良好设计的分布式计算机制应该保证整个系统的可靠性不受单个节点的影响。

三、云计算平台

云计算平台也称为云平台，是指基于硬件资源和软件资源的服务，提供计算、网络和存储能力。云计算平台可以划分为三类：以数据存储为主的存储型云平台，以数据处理为主的计算型云平台以及计算和数据存储处理兼顾的综合云计算平台。

（一）云平台的服务类型

1. 软件即服务

软件即服务的应用完全运行在云中。软件即服务面向用户，提供稳定的在线应用软件。用户购买的是软件的使用权，而不是软件的所有权。用户只需使用网络接口便可访问应用软件。对于一般的用户来说，他们通常使用如同浏览器一样的简单客户端。最流行的软件即服务的应用可能是 Salesforce.com，当然同时还有许多像它一样的其他应用。供应商的服务器被虚拟分区以满足不同客户的应用需求。对客户来说，软件即服务的方式无须在服务器和软件上进行前期投入。对应用开发商来说，只需为大量客户维护唯一版本的应用程序。

2. 平台即服务

平台即服务的含义是一个云平台为应用的开发提供云端的服务，而不是建造自己的客户端基础设施。例如，一个新的软件即应用服务的开发者在云平台上进行研发，云平台直接的使用者是开发人员而不是普通用户，它为开发者提供了稳定的开发环境。

3. 附加服务

每一个安装在本地的应用程序本身就可以给用户提供有用的功能，而一个应用有时候可以通过访问云中特殊的应用服务来加强功能。因为这些服务只对特定的应用起作用，所以它们可以被看成一种附加服务。例如，Apple 的 iTunes，客户端的桌面应用对播放音乐及其他一些基本功能非常有用，而一个附加服务则可以让用户在这一基础上购买音频和视频。微软的托管服务提供了一个企业级的例子，它通过增加一些其他以云为基础的功能（如垃圾信息过滤功能、档案功能等）来给本地所安装的交换服务提供附加服务。

（二）云平台服务的安全性

采取什么措施来提高云的安全性？

1. 云服务提供商必须确保正确的数据隔离

为了节约资源，云服务提供商通常在同一台服务器上存储多个客户端的数据。因此，一个用户的私人数据有可能被其他用户（甚至可能是竞争对手）查看。为了处理这种敏感情况，云服务提供商应该确保正确的数据隔离和逻辑存储隔离。

2. 数据加密

企业必须选择支持机上数据加密和静态数据加密的云存储提供商。Amazon Web Services（AWS）通过 SSL 连接从 SimpleStorage Service（S3）移动数据，并使用 AES-256 加密保护该数据。此外，企业可以选择可用的第三方加密工具，如 Vivo、Sookasa 或 Cloudfogger。

3. 数据中心必须经常受到监控

根据最近的一份报告，内部人攻击是云计算中的第三大威胁。因此，云服务提供商必须确保对有权访问数据中心服务器的员工进行彻底的后台检查。此外，数据中心必须经常受到可疑活动的监控。

4. 应该减少虚拟化使用

虚拟化会改变操作系统和底层硬件之间的关系，无论是计算、存储还是联网，虚拟化在实施云基础架构中的广泛使用为公共云服务的客户带来了独特的安全问题。据说，即使是管理员工作站上的一个漏洞，通过虚拟化软件的管理软件，也会导致整个数据中心的崩溃，或者被重新配置成攻击者的喜好。

（三）商业化云平台

1. 微软

技术特性：整合其所用软件及数据服务；

核心技术：大型应用软件开发技术；

企业服务：Azure 平台；

开发语言：NET。

2. Google

技术特性：储存及运算水平扩充能力；

核心技术：平行分散技术 MapReduce、BigTable、GFS；

企业服务：Google AppEngine、应用代管服务；

开发语言：Python、Java。

3. IBM

技术特性：整合其所有软件及硬件服务；

核心技术：网格技术、分布式存储、动态负载；

企业服务：虚拟资源池提供、企业云计算整合方案。

4. Oracle

技术特性：软硬件弹性虚拟平台；

核心技术：Oracle 的数据存储技术、Sun 开源技术；

企业服务：EC2 上的 Oracle 数据库、OracleVM、Sun xVM。

5. Amazon

技术特性：弹性虚拟平台；

核心技术：虚拟化技术 Xen；

企业服务：EC2、S3、SimpleDB、SQS。

6. Saleforce

技术特性：弹性可定制商务软件；

核心技术：应用平台整合技术；

企业服务：Force.com 服务；

开发语言：Java、APEX。

7. 旺田云服务

技术特性：按需求可定制平台化软件；

核心技术：应用平台整合技术；

企业服务：netfarmer 服务提供不同行业信息化平台；

开发语言：DELUGE（ Data Enriched Language for the Universal Grid Environment ）。

8.EMC

技术特性：信息存储系统及虚拟化技术；

核心技术：Vmware 的虚拟化技术、存储技术；

企业服务：Atoms 云存储系统、私有云解决方案。

9. 阿里巴巴

技术特性：弹性可定制商务软件；

核心技术：应用平台整合技术；

企业服务：软件互联平台、云电子商务平台。

10. 中国移动

技术特性：坚实的网络技术、丰富的带宽资源；

核心技术：底层集群部署技术、资源池虚拟技术、网络相关技术；

企业服务：BigCloude-大云平台。

第三章　大数据安全技术

第一节　大数据安全威胁

一、大数据安全的内涵

大数据安全应该包括两层含义：保障大数据安全和大数据用于安全。前者是指保障大数据计算过程、数据形态、应用价值的处理技术，涉及大数据自身安全问题；后者则是利用大数据技术提升信息系统安全效能和能力的方法，涉及如何解决信息系统安全问题。

（一）保障大数据安全

大数据无论是在数据体量、结构类型、处理速度、价值密度方面，还是在数据存储、查询模式、分析应用上都与关系型数据有着显著差异。例如，大数据由于目标大，在网络上更容易被发现，对潜在攻击者的吸引力更大；海量数据的汇集加大了敏感数据暴露的可能性，对大数据的无序使用也增加了要害信息泄露的危险；随着企业数据访问通道越来越多，对大数据访问的安全控制难度逐渐增加；由于大数据分析往往需要多类数据相互参考，如何在一些特殊行业（如金融数据、医疗信息）满足数据安全标准和保密性要求；数据大集中后，对现有的存储和安全防范措施提出新的挑战等。

大数据意味着数据及其承载系统的分布式和鲁棒性，单个数据和系统的价值相对降低，空间和时间的大跨度，价值的稀少，外部人员更不容易寻找到攻击点。但是，在大数据环境下完全地去中心化很难，低密度价值的提炼过程也是吸引攻击的内容。针对这些问题，传统安全产品所使用的监视、分析日志文件、发现数据和评估漏洞的技术并不能有效运行。而且在很多技术方案中，数据的大小不会影响到安全控制或配套操作能否正确运行。随着越来越多的数据被开放和交叉使用，在这个过程中如何保护用户隐私是最需要考虑的问题。

为解决大数据自身的安全问题，需要重新设计和构建大数据安全架构和开放数据服务，从网络安全、数据安全、灾难备份、安全风险管理、安全运营管理、安全事件管理、安全治理等各个角度考虑，部署整体的安全解决方案，保障大数据计算过程、数据形态、应用价值的安全。因此，需要构建统一的大数据安全架构和开放数据服务，确保大数据自身的安全。

（二）大数据用于安全领域

大数据在面临自身安全问题的同时，也给信息安全的发展带来了新机遇。大数据将会是整个安全行业发生重大转变的驱动因素，并将推动智能驱动的信息安全模型。

大数据为安全分析提供新的可能性，对于海量数据的分析有助于更好地刻画网络异常行为，从而找出数据中的风险点，制定更好的预防攻击、防止信息泄露的策略。目前，大数据在信息安全领域的应用包括两个方面：宏观上的网络安全态势感知和微观上的安全威胁发现。前者是指运用大数据技术特有的海量存储、并行计算、高效查询等特点，解决大规模网络安全事件数据的有效获取，海量安全事件数据的实时关联分析，客观、可理解的网络安全指标体系建立等问题，从中发现主机和网络的异常行为，起到全局安全预警的作用。后者是指从大数据中发现微观事件，特别是高级持续性威胁攻击发现。通过全面收集重要终端和服务器上的日志信息，以及采集网络设备上的原始流量，利用大数据技术进行分析和挖掘，检测并还原整个 APT 攻击场景，能够起到动态预防的安全作用。

大数据正在为企业提供一个更宽广的新视角，帮助他们更加前瞻性地发现安全威胁；利用大数据技术可以提升企业数据防护系统的安全效能、安全能力和安全效果。大数据通过自动化分析处理与深度挖掘，将之前很多时候亡羊补牢式的事中、事后处理，转向事前自动评估预测、应急处理，让安全防护主动起来。

二、大数据面临的安全威胁

（一）大数据基础设施安全威胁

大数据基础设施包括存储设备、运算设备、一体机和其他基础软件（如虚拟化软件）等。为了支持大数据的应用，需要创建支持大数据环境的基础设施。例如，需要高速的网络来收集各种数据源，大规模的存储设备对海量数据进行存储，还需要各种服务器和计算设备对数据进行分析与应用，并且这些基础设施带有虚拟化和分布式性质等特点。这些基础设施给用户带来各种大数据新应用的同时，也会遭受到安全威胁。

（1）网络基础设施传输过程破坏数据完整性。大数据采用分布式和虚拟化架构，意味着比传统的基础设施有更多的数据传输，大量数据在一个共享的系统里被集成和复制，当加密强度不够的数据在传输时，攻击者能通过实时嗅探、中间人攻击、重放攻击来窃取或篡改数据。

（2）信息泄露或丢失，包括数据在传输中泄漏或丢失（例如，利用电磁泄漏或搭线窃听方式截获机密信息，或通过对信息流向、流量、通信频度和长度等参数的分析，窃取有用信息等）、在存储介质中丢失或泄漏，以及"黑客"通过建立隐蔽隧道窃取敏感信息等。

（3）网络病毒传播，即通过信息网络传播计算机病毒。针对虚拟化技术的安全漏洞攻击，黑客可利用虚拟机管理系统自身的漏洞，入侵到宿主机或同一个宿主机上的其他虚拟机。

（二）大数据存储与安全威胁

在大数据的存储及安全保障方面，大数据由于存在格式多变、体量巨大的特点，也带来了很多挑战。针对结构化数据，关系型数据库管理系统 RDBMS 经过多年的发展，已经形成了一套完善的存储、访问、安全与备份控制体系。由于大数据的巨大体量，也对传统 RDBMS 造成了冲击，如前所述，集中式的数据存储和处理也在转向分布式并行处理。

大数据更多的时候是非结构化数据，因此，也衍生了许多分布式文件存储系统、分布式 NoSQL 数据库等来应对这类数据。

然而这些新兴系统，在用户管理、数据访问权限、备份机制、安全控制等各方面还需进一步完善。对于安全问题，简言之，一是要保障数据不丢失，对海量的结构、IE 结构化数据，需要有合理的备份冗余机制，在任何情况下数据不能丢；二是要保障数据不被非法访问和窃取，只有对数据有访问权限的用户，才能看到数据，拿到数据。

由于大量的非结构化数据可能需要不同的存储和访问机制，因此要形成对多源、多类型数据的统一安全访问控制机制，还是亟待解决的问题。大数据由于将更多更敏感的数据汇集在一起，对潜在攻击者的吸引力更大。若攻击者成功实施一次攻击，将能得到更多的信息，"性价比"更高，这些都使得大数据更容易成为被攻击的目标。

与大数据紧密相关的还有隐私问题。由于物联网技术和互联网技术的飞速发展，与我们工作生活相关各类信息都被采集和存储下来，人们随时暴露在"第三只眼"上面。不管人们是在上网、打电话、发微博、用微信，还是在购物、旅游，我们的行为都在随时被监控分析。对用户行为的深入分析和建模，可以更好地服务用户，实施精准营销，然而如果信息泄露或被滥用，则会直接侵犯到用户的隐私，对用户形成恶劣的影响，甚至带来生命财产的损失。

目前世界的很多国家，包括中国都在完善与数据使用及隐私相关的法律，来保护隐私信息不被滥用。

（三）大数据的网络安全威胁

互联网及移动互联网的快速发展不断地改变人们的工作、生活方式，同时也带来严重的安全威胁。网络面临的风险可分为广度风险和深度风险。广度风险是指安全问题随网络节点数量的增加呈指数级上升。深度风险是指传统攻击依然存在且手段多样；APT（高级持续性威胁）攻击逐渐增多且造成的损失不断增大；攻击者的工具和手段呈现平台化、集成化和自动化的特点，具有更强的隐蔽性、更长的攻击与潜伏时间、更加明确和特定的攻击目标。结合广度风险与深度风险来讲，大规模网络主要面临的安全问题包括：安全数据规模巨大；安全事件难以发现；安全的整体状况无法描述；安全态势难以感知等。

通过上述分析，网络安全是大数据安全防护的重要内容。现有的安全机制对大数据环境下的网络安全防护并不完美。一方面，大数据时代的信息爆炸，导致来自网络的非法入侵次数急剧增长，网络防御形势十分严峻。另一方面，由于攻击技术的不断成熟，现在的网络攻击手段越来越难以辨识，给现有的数据防护机制带来了巨大的压力。因此，对于大型网络，在网络安全层面除了访问控制、入侵检测、身份识别等基础防御手段之外，还需要管理人员能够及时感知网络中的异常事件与整体安全态势，从成千上万的安全事件和日志中找到最有价值、最需要处理和解决的安全问题，从而保障网络的安全状态。

（四）互联互通与数据共享问题

在我国的企业信息化建设过程中，普遍存在条块分割和信息孤岛的现象。不同行业之间的系统与数据几乎没有交集，同一行业，比如交通、社保系统内部等，也是按行政领域进行划分建设，跨区域的信息交互和协同非常困难。严重的甚至在同一单位内，比如一些医院的信息系统建设，其病历管理、病床信息、药品管理等子系统都是分立建设的，没有实现信息共享和互通。

"智慧城市"是我国信息化建设的重点，而智慧城市的根本，是要实现信息的互联互通和数据共享，基于数据融合实现智能化的电子政务、社会化管理和民生改善。因此，在城市数字化的基础上，还需实现互联化，打通各行各业的数据接口，实现互联互通，在此之上才能实现智慧化。比如，在城市应急管理方面，就需要交通、人口、公安、消防、医疗卫生等各个方面的数据和协助。

为实现跨行业的数据整合，需要制定统一的数据标准、交换接口以及共享协议，只有这样不同行业、不同部门、不同格式的数据才能基于一个统一的基础进行访问、交换和共享。

（五）人为因素

人为因素包括人为的无意失误和人为恶意攻击。

1. 人为的无意失误

网络管理员安全配置不当造成的安全漏洞，用户安全意识不强，口令选择不慎，用户将自己的账号随意转借他人或与别人共享等都将对网络信息安全产生威胁。别有用心的人将利用这些无意的失误，从他人那里获取不该获取的信息。

2. 人为恶意攻击

恶意攻击是计算机网络所面临的最大威胁，网络战中敌方的攻击和计算机犯罪就属于这一类。这类攻击又可分为两种：一种是主动攻击，是以各种方式有选择地破坏信息的有效性和完整性；另一种方式是被动攻击，就是在不影响网络正常工作的情况下，进行截获、窃取、破译以获得重要机密信息。这两种攻击均可对计算机网络造成极大的危害，并造成机密数据的泄露。

第二节　大数据安全与隐私保护技术

一、大数据安全技术

（一）大数据安全协议 BigData–Protocol

1. 大数据安全协议 BigData-Protocol 参与主体

作为 BigData-Protocol 安全协议，其中最为基础的是首先需要了解大数据在生产、获取、保存、迁移、应用及销毁整个链条中所有的参与主体。大数据的参与主体主要有以下六类：

（1）大数据生产者

大数据生产者包括人、各种传感器及各种产生数据的机器等。它们主要负责产生各种大数据。例如，人通过 Facebook 分享自己的照片，通过 Twitter 发表自己的社会评论；PM2.5 物联网传感器不断发送各种 PM2.5 监测数据；交通传感器不断发送各种交通状况数据；股票交易系统的服务器不断产生的各种交易日志等。

（2）大数据获取者

大数据获取者。例如，一些物联网数据接收器等，它们主要负责接收各种数据或者数据流。

（3）大数据保存者

大数据保存者主要指用来保存各种大数据的机器设备，包括各种存储节点、计算节点及各种网络设备，如路由器等。

（4）大数据迁移者

大数据迁移者主要指发出迁移指令的人、发出迁移指定的机器、大数据迁出节点、大数据迁入节点及其大数据迁移过程中经过的各种网络设备等。

（5）数据应用者

数据应用者主要指各种需要应用大数据的人、机器或者各种应用程序等。

（6）大数据销毁者

大数据销毁者主要指销毁各种大数据的人、机器或者各种应用程序等。

2. 大数据安全协议 BigData-Protocol

大数据安全协议 BigData-Protocol 主要包括大数据的产生、接收、存储、迁移、使用、销毁，大数据参与主体可信认证及大数据安全协议 BigData-Protocol 规范三大部分。

（1）大数据的产生、接收、存储、迁移、使用、销毁的整个流程。

（2）大数据参与主体可信认证。类似于电子商务参与主体一样，为了确保大数据的全部过程安全可靠，需要对大数据的所有参与主体进行可信认证。这些参与主体为大数据生产者、大数据接收者、大数据保存者、大数据迁移者、大数据应用者及大数据销毁者。

（3）大数据安全协议 BigData-Protocol 规范

①大数据接收规范

步骤一：对各种大数据发送设备进行可信验证。若验证通过，进入步骤二，否则终止。

步骤二：对各种大数据接收设备进行可信验证。若验证通过，进入步骤三，否则终止。

步骤三：接收大数据。

步骤四：对接收到的大数据进行验证（或者随机验证）。

步骤五：若验证通过，将所有大数据输入到存储设备中。否则，报告大数据出错等情况。

②大数据存储规范

步骤一：对所有的存储设备进行可信验证。若验证通过，进入步骤二，否则终止。

步骤二：对所有的通信设备（如路由器、交换机等）进行可信验证。若验证通过，进入步骤三，否则终止。

步骤三：将所有接收到的大数据存储到可信的存储设备中。

③大数据迁移规范

步骤一：对所有大数据迁移指令的发出者（人、机器或者应用程序）进行可信验证。若通过，则进入步骤二。

步骤二：对所有大数据迁移所涉及的设备（存储设备、通信设备等）进行可信验证。若通过，则进入步骤三。

步骤三：实施大数据迁移，并对迁移后的大数据进行可信验证。

④大数据使用规范

步骤一：对所有大数据的使用者（人、机器及其应用程序等）进行可信验证。若通过，则进入步骤二。

步骤二：对所有大数据使用所涉及的设备（存储设备、通信设备等）进行可信验证。若通过，则进入步骤三。

步骤三：进行大数据使用。

⑤大数据销毁规范

步骤一：对所有大数据的销毁者（人、机器及其应用程序等）进行可信验证。若通过，进入步骤二。

步骤二：对所有大数据销毁所涉及的设备（存储设备、通信设备等）进行可信验证。若通过，则进入步骤三。

步骤三：实施大数据销毁。

（二）基于大数据的威胁发现技术

由于大数据分析技术的出现，企业可以超越以往的，保护—检测—响应—恢复（PDRR）模式，更主动地发现潜在的安全威胁。例如，IBM 推出了名为 IBM 大数据安全智能的新型安全工具，可以利用大数据侦测来自企业内外部的安全威胁，包括扫描电子邮件和社交网络，标示出明显心存不满的员工，提醒企业注意，预防其泄露企业机密。

"棱镜"计划也可以被理解为应用大数据方法进行安全分析的成功故事。通过收集各个国家各种类型的数据，利用安全威胁数据和安全分析形成系统方法发现潜在危险局势，在攻击发生之前识别威胁。

相比于传统技术方案，基于大数据的威胁发现技术具有以下优点：

1. 分析内容的范围更大

传统的威胁分析主要针对的内容为各类安全事件。而一个企业的信息资产则包括数据资产、软件资产、实物资产、人员资产、服务资产和其他为业务提供支持的无形资产。由于传统威胁检测技术的局限性，其并不能覆盖这六类信息资产，因此所能发现的威胁也是有限的。

而通过在威胁检测方面引入大数据分析技术，可以更全面地发现针对这些信息资产的攻击。例如，通过分析企业员工的即时通信数据、E-mail 数据等可以及时发现人员资产是否面临其他企业"挖墙脚"的攻击威胁。再比如，通过对企业的客户订单数据的分析，也能够发现一些异常的操作行为，进而判断是否损害公司利益。可以看出，分析内容范围的扩大使得基于大数据的威胁检测更加全面。

2. 分析内容的时间跨度更长

现有的许多威胁分析技术都是内存关联性的，也就是说，实时收集数据，采用分析技术发现攻击。分析窗口通常受限于内存，无法应对持续性和潜伏性攻击。而引入大数据分析技术后，威胁分析窗口可以横跨若干年的数据，因此威胁发现能力更强，可以有效应对APT 类攻击。

3. 攻击威胁的预测性

传统的安全防护技术或工具大多在攻击发生后对攻击行为进行分析和归类，并做出响应。而基于大数据的威胁分析，可进行超前的预判。它能够寻找潜在的安全威胁，对未发生的攻击行为进行预防。

4. 对未知威胁的检测

传统的威胁分析通常是由经验丰富的专业人员根据企业需求和实际情况展开的，然而这种威胁分析的结果在很大程度上依赖于个人经验。同时，分析所发现的威胁也是已知的。而大数据分析的特点是侧重于普通的关联分析，而不侧重因果分析。因此，通过采用恰当的分析模型，可发现未知威胁。

虽然基于大数据的威胁发现技术具有上述的优点，但是该技术目前也存在一些问题和挑战，主要集中在分析结果的准确程度上。一方面，大数据的收集很难做到全面，而数据又是分析的基础，它的片面性往往会导致分析结果的偏差。为了分析企业信息资产面临的威胁，不但要全面收集企业内部的数据，还要对一些企业外的数据进行收集，这些在某种程度上是一个大问题。另一方面，大数据分析能力的不足影响威胁分析的准确性。例如，纽约投资银行每秒会有5000次网络事件，每天会从中捕捉25TB数据。如果没有足够的分析能力，要从如此庞大的数据中准确地发现极少数预示潜在攻击的事件，进而分析出威胁是几乎不可能完成的任务。

（三）大数据安全存储技术

大数据关键在于数据分析和利用，因此不可避免地增加了数据存储的安全风险。相对于传统的数据，大数据还具有生命周期长、多次访问、频繁使用的特征。在大数据环境下，云服务商、数据合作厂商的引入增加了用户隐私数据泄露、企业机密数据泄露、数据被窃取的风险。另外，由于大数据具有如此高的价值，大量的黑客就会设法窃取平台中存储的大数据，以牟取利益，大数据的泄露将会对企业和用户造成无法估量的后果。如果数据存储的安全性得不到保证，将会极大地限制大数据的应用与发展。

下面阐述大数据存储安全的几项关键技术，包括数据加密、备份与恢复等。

1. 数据加密

在大数据环境下，数据可以分为两类：静态数据和动态数据。静态数据是指文档、报表、资料等不参与计算的数据；动态数据则是指需要检索或参与计算的数据。

使用SSL VPN可以保证数据传输的安全，但存储系统要先解密数据，然后进行存储，当数据以明文的方式存储在系统中时，面对未被授权入侵者的破坏、修改和重放攻击显得很脆弱，对重要数据的存储加密是必须采取的技术手段。本节将从数据加密算法、密钥管理方案以及安全基础设施三个方面阐述数据加密机制。

这种"先加密再存储"的方法只能适用于静态数据，对于需要参与运算的动态数据则无能为力，因为动态数据需要在CPU和内存中以明文形式存在。目前对动态数据的保护还没有成熟的方案，本节后续介绍的同态加密机制可以为读者提供参考。

（1）静态数据加密机制

①数据加密算法。数据加密算法有两类：对称加密和非对称加密算法。对称加密算法是它本身的逆反函数，即加密和解密使用同一个密钥，解密时使用与加密同样的算法即可得到明文。常见的对称加密算法有DES、AES、IDEA、RC4、RC5、RC6等。非对称加密算法使用两个不同的密钥，一个公钥和一个私钥。在实际应用中，用户管理私钥的安全，而公钥则需要发布出去，用公钥加密的信息只有私钥才能解密，反之亦然。常见的非对称加密算法有RSA、基于离散对数的ElGamal算法等。

两种加密技术的优缺点对比：对称加密的速度比非对称加密快很多，但缺点是通信双方在通信前需要建立一个安全信道来交换密钥。而非对称加密无须事先交换密钥就可实现保密通信，且密钥分配协议及密钥管理相对简单，但运算速度较慢。

实际工程中常采取的解决办法是将对称和非对称加密算法结合起来，利用非对称密钥系统进行密钥分配，利用对称密钥加密算法进行数据的加密，尤其是在大数据环境下，加密大量的数据时，这种结合尤其重要。

②加密范围。在大数据存储系统中，并非所有的数据都是敏感的。对那些不敏感的数据进行加密完全是没必要的。尤其是在一些高性能计算环境中，敏感的关键数据通常主要是计算任务的配置文件和计算结果，但数据量庞大的计算源数据在系统中比重不那么大。因此，可以根据数据敏感性，对数据进行有选择性的加密，仅对敏感数据进行按需加密存储，从而免除对不敏感数据的加密，可以减少加密存储对系统性能造成的损失，对维持系统的高性能有着积极的意义。

③密钥管理方案。密钥管理方案主要包括密钥粒度的选择、密钥管理体系以及密钥分发机制。密钥是数据加密不可或缺的部分，密钥数量与密钥的粒度直接相关。密钥粒度较大时，方便用户管理，但不适于细粒度的访问控制。密钥粒度小时，可实现细粒度的访问控制，安全性更高，但产生的密钥数量大且难管理。

适合大数据存储的密钥管理办法主要是分层密钥管理，即"金字塔"式密钥管理体系。这种密钥管理体系就是将密钥以金字塔的方式存放，上层密钥用来加密/解密下层密钥，只需将顶层密钥分发给数据节点，其他层密钥均可直接存放于系统中。考虑到安全性，大数据存储系统需要采用中等或细粒度的密钥，因此密钥数量多，而采用分层密钥管理时，数据节点只需保管少数密钥就可对大量密钥加以管理，效率更高。

可以使用基于PKT体系的密钥分发方式对顶层密钥进行分发，用每个数据节点的公钥加密对称密钥，发送给相应的数据节点，数据节点接收到密文的密钥后，使用私钥解密获得密钥明文。

（2）动态数据加密机制

同态加密是基于数学难题的计算复杂性理论的密码学技术。对经过同态加密的数据进行处理得到一个输出，将这一输出进行解密，其结果与用同一方法处理未加密的原始数据得到的输出结果是一样的。

同态加密技术是密码学领域的一个重要课题，目前尚没有真正可用于实际的全同态加密算法，现有的多数同态加密算法要么是只对加法同态（如Paillier算法），要么是只对乘法同态（如RSA算法），或者同时对加法和简单的标量乘法同态（如1HC算法和MRS算法）。少数的几种算法同时对加法和乘法同态（如Rivest加密方案），但是由于严重的安全问题，也未能应用于实际。

同态技术使得在加密的数据中进行诸如检索、比较等操作，得出正确的结果，而在整个处理过程中无须对数据进行解密。其意义在于，真正从根本上解决大数据及其操作的保密问题。

2. 备份与恢复

数据存储系统应提供完备的数据备份和恢复机制来保障数据的可用性和完整性。一旦发生数据丢失或损坏，可以利用备份来恢复数据，从而保证在故障发生后数据不丢失。下面阐述几种常见的备份与恢复机制。

（1）异地备份

异地备份是保护数据最安全的方式。在发生如火灾、地震等重大灾难的情况，当其他保护数据的手段都不起作用时，异地容灾的优势就体现出来了。困扰异地容灾的问题在于速度和成本，这要求拥有足够带宽的网络连接和优秀的数据复制管理软件。一般主要从三方面实现异地备份：

①基于磁盘阵列，通过软件的复制模块，实现磁盘阵列之间的数据复制，这种方式适用于在复制的两端有相同的磁盘阵列。

②基于主机方式，这种方式与磁盘阵列无关。

③基于存储管理平台，它与主机和磁盘阵列均无关。

（2）RAID

RAID（独立磁盘冗余阵列）可以减少磁盘部件的损坏；RAID 系统使用许多小容量磁盘驱动器来存储大量数据，并且使可靠性和冗余度得到增强；所有的 RAID 系统共同的特点是"热交换"能力，即用户可以取出一个存在缺陷的驱动器，并插入一个新的予以更换。对大多数类型的 RAID 来说，不必中断服务器或系统，就可以自动重建某个出现故障磁盘上的数据。

（3）数据镜像

数据镜像就是保存两个或两个以上在线数据的拷贝。以两个镜像磁盘为例，所有写操作在两个独立的磁盘上同时进行。当两个磁盘都正常工作时，数据可以从任意磁盘读取。如果一个磁盘失效，则数据还可以从另外一个正常工作的磁盘读出。远程镜像根据采用的协议不同可划分为两种方式，即同步镜像和异步镜像。本地设备遇到不可恢复的硬件毁坏时，仍可以启动异地与此环境和内容相同的镜像设备，以保证服务不间断。

（4）快照

快照可以是其所表示数据的一个副本，也可以是数据的一个复制品。快照可以迅速恢复遭破坏的数据，减少宕机损失。快照的作用主要是能够进行在线数据备份与恢复。当存储设备发生应用故障或者文件损坏时可以进行快速的数据恢复，将数据恢复到某个可用时间点的状态。快照可以实现瞬时备份，在不产生备份窗口的情况下，也可以帮助客户创建一致性的磁盘快照，每个磁盘快照都可以认为是一次对数据的全备份。快照还具有快速恢复的功能，用户可以依据存储管理员的定制，定时自动创建快照，通过磁盘差异回退，快速回滚到指定的时间点上来。通过这种回滚在很短的时间内可以完成恢复。

数据量比较小的时候，备份和恢复数据比较简单，随着数据量达到 PB 级别，备份和恢复如此庞大的数据成为一个棘手的问题。目前，Hadoop 是应用最广泛的大数据软件架构，Hadoop 分布式文件系统 HDFS 可以利用其自身的数据备份和恢复机制来实现数据可靠保护。

①数据存储策略。HDFS 将每个文件存储分成数据块存储，除了最后一块，所有数据块的大小是一样的。文件的所有数据块都会保存多个副本来保证数据的容错，用户可以自己设置文件的数据块大小和副本系数。文件任何时候都只能有一个写入操作者，而且文件必须一次性写入。数据的复制全部由控制节点管理，数据节点需要周期性地向它报告心跳信息和自身的状态，表明自己在正常工作，自身状态包括 CPU、硬盘、数据块的列表等。

HDFS 具有优化的副本保存和备份策略，提高了数据的可靠性、可用性以及集群网络带宽的利用率。

默认的副本存储策略就是把副本存储到不同的机架上，可以保证当一个机架故障时，数据不会丢失。而且读取数据的时候可以充分利用机架的带宽，提供更快的传输速度。通过这种策略，副本会均匀分布到集群里，有效地提高整个集群的负载均衡。系统默认的副本系数是 3，HDFS 的存放策略是在本地机架的一个数据节点上保存一个副本，在本地机架的另外一个数据节点上保存一个副本，其他机架的数据节点上保存一个副本。

②安全模式。整个系统在启动的时候，控制节点会进入一个安全模式的特殊状态，此时不允许对数据块进行复制的操作。控制节点此时接收数据节点的心跳信息和块状态报告。其中块状态报告包括这个数据节点全部的数据块列表。每个数据块都有一个设置的最小副本备份个数。当控制节点检测到数据块的副本备份个数达到设置值的时候，这个数据块就会被认为是副本备份安全的，当达到配置要求比例的数据块被控制节点检测确认是安全之后，再等待 30s 控制节点就会退出安全模式的状态。之后那些数据块的副本没有达到安全状态的将被复制到其他数据节点上直到达到系统设置的副本备份个数。

在大数据环境下，数据的存储一般使用 HDFS 自身的备份与恢复机制，但对于核心的数据，远程的容灾备份仍然是必需的。其他额外的数据备份和恢复策略需要根据实际需求来制定，例如，对于统计分析来说，部分数据的丢失并不对统计结果产生重大影响，但对于细节的查询，例如用户上网流量情况的查询，数据的丢失是不可接受的。

二、大数据隐私保护技术

（一）大数据对个人隐私带来的挑战

当今社会，社会信息化和网络化的发展导致数据爆炸式增长。据统计，平均每秒有 200 万用户在使用谷歌进行搜索，Facebook 用户每天共享的东西超过 40 亿次，Twitter 每天处理的推特数量超过 3.4 亿。同时，科学计算、医疗卫生、金融、零售业等行业也有大量数据在不断产生。

这一现象引发了人们的广泛关注。IT 产业界行动更为积极，持续关注数据再利用，挖掘大数据的潜在价值。目前，大数据已成为继云计算之后信息技术领域的另一个信息产业增长点。不仅如此，作为国家和社会的主要管理者，各国政府也是大数据技术推广的主要推动者。中国通信学会、中国计算机学会等重要学术组织先后成立了大数据专家委员会，为我国大数据应用和发展提供学术咨询。

目前大数据的发展仍然面临着许多问题，安全与隐私问题是人们公认的关键问题之一。当前，人们在互联网上的一言一行都掌握在互联网商家手中，包括购物习惯、好友联络情况、阅读习惯、检索习惯等。多项实际案例表明，即使无害的数据被大量收集后，也会暴露个人隐私。事实上，大数据安全含义更为广泛，人们面临的威胁并不仅限于个人隐私泄漏。与其他信息一样，大数据在存储、处理、传输等过程中面临诸多安全风险，具有数据安全与隐私保护需求。而实现大数据安全与隐私保护，较以往其他安全问题（如云计算中的数据安全等）更为棘手。这是因为在云计算中，虽然服务提供商控制了数据的存储与运行环境，但是用户仍然有些办法保护自己的数据，如通过密码学的技术手段实现数据安全存储与安全计算，或者通过可信计算方式实现运行环境安全等。而在大数据的背景下，Facebook 等商家既是数据的生产者，又是数据的存储、管理者和使用者，因此，单纯通过技术手段限制商家对用户信息的使用，实现用户隐私保护是极其困难的事。

由于大数据分析工具与平台的不断成熟，越来越多的企业能够收集、存储海量数据并通过分析这些数据来增大开辟新业务的可能性。与此同时，大量企业不需要的而又涉及用户隐私的个人数据也被收集并存储在企业的业务系统中，不仅增加了企业管理数据的难度，同时也导致了数据安全问题，造成了大数据挖掘与个人隐私保护之间的矛盾。

大数据平台在提供服务的同时，也在时刻收集着用户的各种个人信息：消费习惯、阅读习惯甚至生活习惯。大数据深刻地改变着人们的生活：一方面，给人们带来了诸多便利；另一方面，由于数据的管理还存在漏洞，那些发布出去或存储起来的海量信息，也很容易被监视、被窃取。

业内人士认为，与传统时代相比，大数据时代数据的边界更加模糊，存在的问题更加复杂，保护网络和信息安全的难度也更大。

（二）大数据隐私的类型

大数据隐私保护面临的首要挑战就是如何识别大数据的隐私。大数据的隐私和传统的数据隐私有一些相同点，更多的是不同点。如何准确识别大数据的隐私是大数据隐私保护中最为关键的问题之一。大数据的隐私主要包括直接隐私和间接隐私。

1. 直接隐私

直接隐私是指大数据中直接包含的隐私信息，如医疗病历中的患者姓名、年龄、出生地点、病名及工作单位等。这类隐私是大数据隐私和一般的数据隐私的共同点。

2.间接隐私

间接隐私是指不能从大数据本身直接得出的隐私信息,需要通过一定的算法或者方法,通过对大数据进行各种数据挖掘之后得出的隐私信息。这类隐私是大数据隐私和传统的数据隐私最大的不同点,由于大数据本身的特点,其间接隐私要比传统的数据能够挖掘出来的隐私信息多得多。

(三)大数据隐私的提取方法

1.大数据的直接隐私提取方法

首先,应该建立一个直接隐私信息语意规则库,其包括了各个领域的隐私信息提取规则。通过该语意规则库的隐私信息规则,对大数据进行直接隐私的自动语意标记。其次,通过相关的算法对大数据直接进行隐私提取。最后,将提取的大数据隐私信息安全进行保存(这些隐私信息可以存放在数据库中或者以其他形式存储)。

2.大数据的间接隐私提取方法

首先,需要建立一个大数据间接隐私挖掘算法库。该算法库能够通过对大数据进行相应的计算,将各种间接的隐私信息挖掘出来。然后对大数据进行大数据间接隐私的自动语意标记。其次,通过算法对有语意标记的间接隐私信息进行提取。最后,将提取的大数据隐私信息进行安全保存(这些隐私信息可以存放在数据库中或者以其他形式存储)。

(1)法律保护措施

大数据发展比较快的国家已制定关于大数据保护的法律。从国外的相关政策看,如果企业在使用大数据时让老百姓的隐私发生了泄露,企业承担完全责任。

在个人隐私泄露这个问题上,相关法律将发挥至关重要的作用。一方面,通过对大量用户数据的分析,公司、企业、政府可以更好地了解用户行为、消费习惯等,从而可以提供更好的服务;但是另一方面,这又不可避免地对用户的隐私构成威胁、挑战。很多人已经意识到,在数据的应用方面,相关法律法规的制定变得越来越重要。作为用户,需要明确界定自己在数据的使用方面具有什么权利和义务;作为企业和政府,需要逐渐定位清楚,在多大程度上可以使用什么样的方式来使用用户的数据。

虽说针对大数据立法以保证个人信息安全是大势所趋,但不可急于求成。我国目前保护民众个人隐私有三个路径:第一在法律方面分别为刑法保护、行政法保护以及民法保护。第二为行业自律途径。第三为技术途径,即采取技术手段加以保护。

大数据的发展是一个全球趋势,也是一个长期过程。国际上对于大数据涉及的一些法律问题也还没有定论,仓促立法不可行。我国目前已经初步建立了有关个人信息和隐私权保护的法律体系,包括刑事、民事和行政法律体系,目前还缺乏全面系统的专门性立法,也就是个人信息保护法来平衡信息自由流动和个人信息保护。

针对个人信息保护法的制定要做到以下几点:首先,需要界定个人信息保护主体的义务，比如告知、公开、保存个人信息的义务等；其次，需要确立诸如目的明确、利益平衡等个人信息保护的基本原则；最后，规定信息主体的权利，比如决定权、知情权、信息获取权、更正权、封锁权、删除权以及获得救济权等。此外，该法还应当规定个人信息监管机构的组成、职责、救济途径以及法律责任。

国外企业在使用大数据时，往往不是基于一个人的信息作为分析的依据，而是将以千人、万人为基础的日志信息打包之后进行统计分析，这样就对个人隐私起到了一定的保护作用。因此，要真正保护个人隐私，需要有健全的立法和严格的执法，加之企业的自律。大数据时代数据的边界更加模糊，存在的问题更加复杂，保护网络和信息安全的难度也更大。

（2）个人保护措施

在信息安全保护方面，很重要的一点在于个人自身要加强保护意识。现在不管是要求政府部门监管，还是要求司法机关动起来，一个重要前提是人人保护信息，这样才可能使信息保护问题得到根本解决，否则只靠权力机关单方面去做是没有用的。

行政执法机关保护和司法保护，是保护信息安全的一个重要方面。近年来，行政执法机关和司法机关开始介入互联网领域，但是没有全部地介入。也就是说，有关部门在不得不处理的情况下才会介入一些案件，其中存在一些问题。从进一步保护、促进产业发展的角度看，行政执法机关和司法机关还需要进一步的努力。

自从信息安全被社会关注以来，加强立法被认为是解决信息安全问题的治本之策。对立法问题，以互联网竞争为例，我国的反不正当竞争法、反垄断法的制定已经有很长一段时间，这些法律在一定程度上对传统的竞争关系和垄断关系有规范作用，但是缺少互联网专门性的规制。对于互联网竞争秩序的规制，不只是要靠专门的互联网立法，更要靠一般性的传统立法。

如果没有传统的立法作为基础，仅仅依靠互联网立法，难以规范一些危害互联网安全和秩序的行为。世界上没有哪一个国家是在传统法律以外，纯粹针对互联网再建立一套互联网法律秩序，这是不可想象的，也是做不到的。在互联网发展过程中，我们要针对互联网技术应用的特点制定一些专门性的规则，但更要考虑一些传统法律关系的适用，只有将传统法律与互联网专门规则结合起来，才能真正提供一种秩序规范。同时，法律规范只是其中一部分标准，涉及互联网的一些指导性规范也是规制互联网的一类标准。这些规范也是调控竞争秩序的一个方面，无论司法机关还是行政执法机关，都可以参照和使用。

（四）大数据隐私保护技术

当前，隐私保护领域的研究工作主要集中于如何设计隐私保护原则和算法更好地达到这两方面的平衡。隐私保护技术可以分为以下三类。

1. 基于数据变换（Distorting）的隐私保护技术

所谓数据变换，简单来讲就是对敏感属性进行转换，使原始数据部分失真，但是同时保持某些数据或数据属性不变的保护方法。数据失真技术通过扰动（Perturbation）原始数据来实现隐私保护，它要使扰动后的数据同时满足以下两点：

（1）攻击者不能发现真实的原始数据，即攻击者通过发布的失真数据不能重构出真实的原始数据。

（2）失真后的数据仍然保持某些性质不变，即利用失真数据得出的某些信息等同于从原始数据上得出的信息，这就保证了基于失真数据的某些应用的可行性。

目前，该类技术主要包括随机化、数据交换、添加噪声等。一般来说，当进行分类器构建和关联规则挖掘而数据所有者又不希望发布真实数据时，可以预先对原始数据进行扰动后再发布。

2. 基于数据加密的隐私保护技术

采用对称或非对称加密技术在数据挖掘过程中隐藏敏感数据，多用于分布式应用环境中，如分布式数据挖掘、分布式安全查询、几何计算、科学计算等。

分布式应用一般采用两种模式存储数据：垂直划分和水平划分的数据模式。垂直划分数据是指分布式环境中每个站点只存储部分属性的数据，所有站点存储的数据不重复；水平划分数据是将数据记录存储到分布式环境中的多个站点上，所有站点存储的数据不重复。

3. 基于匿名化的隐私保护技术

匿名化是指根据具体情况有条件地发布数据。如不发布数据的某些域值、数据泛化（Generalization）等。限制发布即有选择地发布原始数据、不发布或者发布精度较低的敏感数据，以实现隐私保护。数据匿名化一般采用两种基本操作。

（1）抑制。控制某数据项，即不发布该数据项。

（2）泛化。泛化是对数据进行更概括、抽象的描述。

每种隐私保护技术都存在自己的优缺点，基于数据交换的技术，效率比较高，却存在一定程度的信息丢失；基于加密的技术则刚好相反，它能保证最终数据的准确性和安全性，但计算开销比较大；而限制发布技术的优点是能保证所发布的数据一定真实，但发布的数据会有一定的信息丢失。在大数据隐私保护方面，需要根据具体的应用场景和业务需求，选择适当的隐私保护技术。

第三节 大数据安全趋势及应对策略

一、大数据安全趋势

（一）大数据加速 IT 基础架构演进和变革

在大数据时代，机遇与挑战并存。大数据平台是集计算、传输、存储、交互功能为一身的综合性平台，对大数据进行有效挖掘分析，能够帮助用户获得更多洞察，做出更加正确的决策，这也是大数据所蕴含的最大价值。同时，大数据对于系统的计算、存储、传输能力提出了非常极限的要求。

现有数据中心、数据仓库、计算模式、网络带宽难以满足大数据需求，尤其是存储能力的增长远远赶不上数据的增长，设计最合理的分层存储架构已成为信息系统的关键，分布式存储架构不仅需要 Scale Up 式的可扩展性，也需要 Scale Out 式的可扩展性，在大数据的驱动下，整个 IT 架构需要革命性的重构。

政府、金融、电信、互联网公司、零售、电子商务公司等与大数据密切相关的行业，在处理大数据的过程中，不可避免地将面对大数据带给 IT 基础架构的巨大挑战，这促使企业更加迫切地需要进行 IT 系统升级，从而降低 IT 的运营成本，将 IT 投资更多地用于生产、创新而不是运行维护中。新的 IT 架构可以提高服务器利用率、降低能耗和管理的复杂度，从而更加容易实现资源的统一调配，更加高效地实现大数据的存储、分类、分析和挖掘等工作。

但是，IT 架构的变革和演进也会给传统的数据安全带来威胁。大数据时代需要更加安全可靠的 IT 基础架构。大数据促进数据从分散化向集中化发展，让单点数据规模进一步增大，也就意味着比分布式存储要面临更大的风险，这包含两方面的内容：

（1）在 IT 基础架构层面，大数据让服务器、存储等设备相对集中，单点故障带来的损失将会比分布式的部署要严重得多，因此所选择 IT 设施在安全、可靠性上要比分布式高得多。

（2）从数据安全角度来看，虽然将数据集中到一起保护起来更加简单，但是也变得更加有诱惑力，一旦数据遭受入侵，遭受的损失也要大得多。

通过上述分析可知，在大数据时代，IT 基础架构及其安全性将成为企业首要考虑的因素，并成为产业界、学术界研发的热点。

（二）大数据改变传统信息安全领域

大数据可能成为信息安全领域发生重大转变的驱动因素，甚至引发信息安全技术的变革。传统的数据安全分析，主要是对诸如数据库记录、系统日志、离线文件等结构化数据进行非实时处理，大数据技术将给信息安全领域注入新的活力，大数据技术及分析工具可以从单纯的日志分析扩展到全面结构化、非结构化的在线数据分析，实现有效的预测和自动化的实时控制，及时发现安全隐患，掌握安全动态。大数据技术将极大扩展安全分析的深度和广度，把被动的事后分析变成主动的事前防御，这也是大数据分析带给信息安全领域的最大创新。

可以预见的是，依赖于边界防御及先验网络威胁知识的静态安全控制措施将逐渐被基于大数据分析的高级、智能安全手段所取代。信息安全下阶段的重点会转向智能驱动的信息安全模型，这是一种能够感知风险、基于上下文背景以及灵活的并能抵御未知高级网络威胁的模型。结合大数据能力的智能信息产品或方案融合了动态的风险评估、海量安全数据的分析、自适应的控制措施以及有关网络威胁和攻击技术的信息共享。大数据分析将迅速提升信息安全事件管理、网络监控、用户身份认证和授权、身份管理、欺诈检测以及治理、风险及合规系统等安全产品的性能。从长远来看，大数据还将改变诸如入侵检测、数据防泄露、防火墙等传统安全措施。

大数据的核心是预测，大数据分析通常被视为人工智能的一部分，或者说，被视为一种机器学习。但这并不意味着大数据要做到像人一样思考。相反，大数据是把数学算法运用到海量的数据上来预测事情发生的可能性。大数据分析可用于信息安全领域。一次访问被视为 APT 攻击的可能性，从一个用户的上网情况和频度来推断其感染病毒的可能性，都是大数据可以预测的范围。但是这些预测系统之所以能够成功，关键在于它们是建立在海量数据的基础之上的。此外，随着系统接收到的数据越来越多，便可以通过记录找到最好的预测与模式，对系统进行改进。

由于大数据分析技术的快速发展，单纯依靠人类判断力的领域可能会被大数据分析系统所改变甚至取代。现在亚马逊个性化推荐系统可以帮用户获得想要的书，谷歌可以发现疾病爆发的区域，Facebook 知道用户的社交关系，LinkedIn 可以建立职场关联。大数据分析系统可以发挥作用的领域远远超过现在的应用，当然，同样的技术也可以运用到网络故障诊断、电信欺诈检测甚至是识别潜在犯罪分子上。

（三）大数据关系国家信息安全命脉

大数据将成为国家战略资源的重要组成部分，通过大数据分析可以准确获得一个国家舆情动向与整体运行情况。大数据将是未来国家之间争夺的焦点，大数据可能对国家治理模式、企业的决策、组织和业务流程、个人生活方式都将产生巨大的影响，大数据安全将关系国家信息安全的命脉。

二、大数据安全的应对策略

（一）大数据安全技术研发策略

海量数据的汇集加大了敏感数据暴露的可能性，对大数据的滥用和误用也增加了隐私泄露的风险。此外，云计算、物联网、移动互联网等新技术与大数据融合初期，也将其面临的安全问题引入大数据的收集、处理和应用等业务流程中。应加大对大数据安全保障关键技术研发的资金投入，提高我国大数据安全技术产品水平，推动基于大数据的安全技术研发，研究基于大数据的网络攻击追踪方法，抢占发展大数据安全技术的制高点。

（二）大数据应用平台的安全管理策略

作为新的信息金矿，大数据所带来的价值正在影响着各个行业。当前很多运营商为了提高自身的竞争力，都纷纷加大了对大数据平台的建设投入，但同时，不断飙升的管理维护成本和安全架构复杂化也让大数据的运营发展面临巨大挑战：大数据时代的安全架构变得越发复杂，各种威胁数据安全的案例层出不穷，管理大数据平台的安全需求也在持续增加，需要各种新技术应对新的风险和威胁；传统网管一般利用性能评价体系 KPI 对数据应用平台进行状况评估，特别在面对多个大数据平台时，不能真实反映平台的运行状态和性能状况；故障响应不及时，告警系统未智能化。大部分应用平台仅能将告警生成在各自的系统平台内，需要管理员定期去提取、查看，遇到故障也只能手工排除，可能会导致问题发现不及时，故障排查困难。据统计，大数据平台中，结构化数据只占 15% 左右，其余的 85% 都是非结构化的数据，它们来源于社交网络、互联网和电子商务等领域。对此，应提供关键安全策略以支持结构化与非结构化数据的管理。

针对上述市场需求，业内领先的信息安全技术公司提出了大数据应用平台的安全管理方案，运用智能化、流程化、自动化、可量化、可视化等安全战略手段，构建安全、高效、经济的监管体系，帮助用户准确感知当前大数据平台的整体性能，实现大数据平台在操作、通信、存储、漏洞方面的全方位安全防护，达到提高工作效率、降低故障排除时间和维护成本的最终目的。同时，该安全管理方案还在以下几方面呈现出亮点：

1. 基于 Hadoop 架构下的统计分析和大数据挖掘技术

大数据平台是一个面向主题的、集成的、随时间而变化的、不容易丢失的数据集合，支持各企事业单位管理部门的决策过程。采用基于 Hadoop 集群环境下的统计分析和大数据挖掘等技术，通过将各类日志资源和事件信息按照业务、地域、时间、涉密程度等多维性和内在联系，进行归纳、分类、关联性以及趋势预测等分析，从海量数据中寻找有用的、有价值的信息，可以为不同层面、不同业务系统提供信息支持。

2. 大数据平台的质量体验

用户体验质量 QoE 是用户端到端的概念，是指用户对大数据应用平台的主观体验，是从用户的角度感受到的系统的整体性能。本安全管理系统以用户体验为中心，从 KQI（业务层）、KPI（系统层）、PI（设备层）多个维度出发，注重用户对业务的端到端主观体验（QoE），从用户的角度来感受系统的整体性能，对用户所使用的业务的关键参数进行端到端的业务探测，主动感知用户的体验，真实全面反映系统性能，以可量化的方式，从业务应用可用性角度来监测大数据应用平台的质量状况和运营状况。

3. 全面的智慧安全

大数据时代安全架构在变得越发复杂，安全需求也在持续增加，需要各种新兴技术应对新型风险和威胁。但这势必增加企业管理的复杂度和投资的复杂度，并造成技术成本压力。本系统采取深度防御策略，能主动对大数据应用平台进行漏洞扫描，并通过安全互联的方式实现全面整体的安全防御，实时获取安全信息，对其进行关联性分析，更快、更早地发现安全威胁。

4. 安全基线自学习

为有效监测大数据应用平台的配置信息变更情况，安全管理系统采集大数据应用平台的配置信息，得出相应的安全基线。通过自动学习该基线，安管系统站在全局的角度对各大数据平台进行自动监测，并将监测结果与基线进行比对，以判断是否有配置变更，快速发现系统操作的异常行为。

5. 故障快速定位及预警

系统重视故障管理的主动性，通过多个维度（物理和虚拟服务器、网络设备、数据库、云资源以及业务平台的运行状况）的检测视图，在故障发生之前，能主动检测到系统平台关键要素的状态变化并发出预警，管理员便可准确并深度定位应用性能问题的根源，及时修复故障问题，以免服务中断或数据外泄造成不可挽回的损失。

6. 策略集中配置统一下发

系统采用安全策略的集中配置及下发来对各大数据应用平台进行统一管理。此办法在管理多个大数据应用平台时优势明显。传统的策略配置是逐个"登录—配置"的过程，工作量成倍增大，且有可能造成安全策略冲突和形成漏洞。策略的统一配置方法扭转了该局面，如在安全系统上统一配置数据采集/存储策略、去隐私化策略、漏洞扫描规则、用户敏感信息行为处理规则、补丁管理策略，并分发至各个应用平台执行，大大简化了配置过程，避免策略的重复配置操作，提高运维管理能力等。

（三）大数据应用安全策略

随着大数据应用所需的技术和工具快速发展，大数据应用安全策略主要从以下几方面着手：

1. 防止 APT 攻击

借助大数据处理技术，针对 APT 安全攻击隐蔽能力强、长期潜伏、攻击路径和渠道不确定等特征，设计具备实时检测能力与事后回溯能力的全流量审计方案，提醒隐藏有病毒的应用程序。

2. 用户访问控制

大数据的跨平台传输应用在一定程度上会带来内在风险，可以根据大数据的保密级别和用户需求的不同，将大数据和用户设定不同的权限等级，并严格控制访问权限。而且，通过单点登录的统一身份认证与权限控制技术，可以对用户访问进行严格的控制，以有效地保证大数据应用安全。

3. 整合工具和流程

通过整合工具和流程，确保大数据应用安全处于大数据系统的顶端。整合点平行于现有的连接的同时，减少通过连接企业或业务线的 SIEM 工具的输出到大数据安全仓库，以防止这些被预处理的数据被暴露算法和溢出加工后的数据集。而且，通过设计一个标准化的数据格式可以简化整合过程，同时也可以改善分析算法的持续验证。

4. 数据实时分析引擎

数据实时分析引擎融合了云计算、机器学习、语义分析、统计学等多个领域，通过数据实时分析引擎，从大数据中第一时间挖掘出黑客攻击、非法操作、潜在威胁等各类安全事件，第一时间发出警告响应。

（四）大数据安全管理策略

数据安全三分靠技术，七分靠管理。通过技术来保护大数据的安全固然重要，但管理也很关键。大数据的安全管理策略主要有以下几种。

1. 规范建设

大数据建设是一项有序的、动态的、可持续发展的系统工程，一套规范的运行机制、建设标准和共享平台建设至关重要。规范化建设可以促进大数据管理过程的正规有序，实现各级各类信息系统的网络互连、数据集成、资源共享，在统一的安全规范框架下运行。

2. 建立以数据为中心的安全系统

基于云计算的大数据存储在云共享环境中，为了大数据的所有者可以对大数据使用进行控制，可以通过建设一个基于异构数据为中心的安全方法，从系统管理上保证大数据的安全。

3. 融合创新

大数据是在云计算的基础上提出的新概念，大数据时代应以智慧创新理念融合大数据与云计算，以智能管道与聚合平台为基础，提升数据流量规模、层次及内涵，在大数据流中提升知识价值洞察力。积极创造大数据公司技术融合平台，寻找数据洪流大潮中新的立足点，特别是在数据挖掘、人工智能、机器学习等新技术的创新应用融合创新。

第四节 云环境下教育大数据安全策略研究

一、云环境下教育大数据安全面临的挑战

教育大数据是指通过采集、存储日常教育活动中学习者的行为数据，并通过建立相应的学习者行为模型对学习者的行为进行分析，对学习者未来的学习趋势进行科学预测，并以此改进教学方法，使教育技术与教学方法更加符合学习者的学习行为，提升教育教学效率。目前，教育大数据均部署于云环境下，利用云计算技术的便捷性、虚拟化能够实现教育数据的共享，同时也能够利用云计算的计算能力挖掘更多有价值的数据，且能够高效率地运行学习者行为模型对学习者的学习趋势进行预测。但教育大数据部署于云环境下具有复杂性与用户动态性等特征，并且在缺乏云安全标准的情况下，教育大数据的安全可用性与保密性变得不可确定。可见，云环境为教育大数据提供了便捷、海量与高效服务的同时，也为教育大数据的安全问题带来了挑战。首先，技术方面的挑战，涉及教育大数据存储技术、身份认证技术、虚拟安全技术等；其次，安全标准的挑战，云计算技术作为一种新兴技术，目前并没有统一的安全标准，给云环境下教育大数据的安全管理带来了挑战；最后，监督体系的挑战，云计算技术强调开放性、共享性，给云环境下教育大数据的监督增加了难度，也为传统的监督管理模式提出了挑战。

二、云环境下教育大数据安全策略

（一）云环境下教育大数据存储安全策略

教育大数据所采集的学习者行为数据、教育资源均利用云存储进行存储，而这些数据均是对学习者行为进行分析与预测的基础，所以必须确保云存储环境下的数据安全。

1. 数据备份

数据备份是指为了防止系统故障或操作失误导致数据丢失，将部分或全部数据从应用主机或阵列存储至其他介质的过程。云计算技术提供了海量的存储空间，且不同的云之间可以进行有效的隔离，这为教育大数据的备份提供了有利的条件。针对当前教育大数据中的数据类型，可采用个性化的备份策略。例如，公开数据（教学多媒体资源、教学课件等）数据保密级别低，可采取常规备份方案，而对于核心数据（研究数据、商业数据）则需要进行冗余备份、异地存放。

2. 存储加密

为确保教育大数据云存储安全，有必要对数据进行加密处理，即采用加密技术对云

环境下教育大数据中的分布式文件系统、分布式数据库进行加密处理，加密算法可采用AES、RAS算法等。

3. 灾难恢复

云环境虽然为教育大数据提供了丰富的存储与计算资源，但仍然不可避免地会受到攻击、断电以及自然灾害（地震、洪水）的影响。为了保证教育大数据在云环境下的连续可用性，必须建立灾难恢复机制。针对这种情况，云服务商应建立异地存储中心或数据中心，同时应建立有效的灾难恢复机制，包括灾难预防机制、灾难演练制度等。

4. 文件管理日志

文件管理日志是详细记录管理方对数据操作行为的日志，这是确保云环境下教育大数据存储安全的重要策略。因为通过文件管理日志能够详细地记录教育数据采集、存储、修改、删除等所有操作行为记录，能够对云服务商起到良好的监督作用，同时也能够监督教育大数据中不同用户的操作行为。因此，应建立文件管理日志的管理策略。

（二）云环境下教育大数据的身份认证策略

云环境下为避免教育大数据中的数据被非法访问与利用，必须对用户身份进行认证，以明确该用户的合法性。因此，必须建立用户身份认证策略。具体而言，可建立统一的身份认证系统与单点登录入口。单点登录入口是云计算技术中重要的安全策略，用户可通过用户名/密码或者其他认证方式通过单点登录入口登录一次，通过身份认证后能够在身份认证系统的支持下分配其所具有的教育大数据操作权限。统一的身份认证系统是指建立对教育大数据中对用户进行统一认证的系统，通过该系统即可对单点登录用户的身份进行认证，同时能够根据该用户在教育大数据中的访问权限，为其自动登录所有具备权限的应用系统，这样可避免因重复登录所带来的用户个人信息泄露问题。

（三）云环境下教育大数据的可信访问控制策略

传统的访问控制策略是一种基于监督的策略，而在云环境下，非法人员完全可通过网络绕过访问控制策略来提升其访问权限以达到非法的目的。因此，可建立基于密码学的可信访问控制策略，即用户在访问教育大数据中的数据时需要对用户"读""写"操作的密钥进行校验，这样不仅能够保证数据的完整性，同时也能够确保数据访问的安全性。

（四）云环境下教育大数据的虚拟安全策略

虚拟化是云计算技术的核心，能够实现在多台计算机硬件上建立多个虚拟的执行环境。为了确保云环境下教育大数据的虚拟安全，有必要建立虚拟安全策略，即云服务商应在物理服务器上构建访问控制、身份认证与安全管理等虚拟安全体系。

第四章　大数据技术应用

第一节　数据服务

一、大数据的服务创新

（一）大数据的服务创新途径

大数据只有和创新方法进行融合，才能在组织的业务创新中体现出来，这就需要能够清晰地认识到大数据与业务服务的关系。

互联网特别是移动互联网的发展，加快了信息化向社会经济各方面、大众日常生活的渗透，人们在互联网以及物理空间上的行为轨迹、检索阅读、言论交流、购物经历等都可能被捕捉并形成大数据，这些大数据宝藏的开发与应用存在巨大的挑战与机遇。

大数据应用的挑战体现在以下四个方面：一是数据收集方面。要对来自网络包括互联网和机构信息系统的数据附上时空标志，去伪存真，尽可能收集异源甚至是异构的数据，必要时还可与历史数据对照，多角度验证数据的全面性和可信性。二是数据存储。要达到低成本、低能耗、高可靠性目标，通常要用到冗余配置、分布化和云计算技术，在存储时要按照一定规则对数据进行分类，通过过滤和去重，减少存储量，同时加入便于日后检索的标签。三是数据处理。有些行业的数据涉及上百个参数，其复杂性不仅体现在数据样本本身，更体现在多源异构、多实体和多空间之间的交互动态性，难以用传统的方法描述与度量，处理的复杂度很大，需要将高维图像等多媒体数据降维后度量与处理，利用上下文关联进行语义分析，从大量动态而且可能是模棱两可的数据中综合信息，并导出可理解的内容。四是可视化呈现。使结果更直观以便于洞察。

恰恰是大数据应用的挑战给大数据企业带来了巨大的服务创新机遇。企业需要将大数据与业务融合，通过创新的方式发现新的模式、新的产品、新的服务。将大数据应用于企业内部时，用大数据解决企业遇到的问题、提升产品的质量、整合企业内外部数据，为企业的战略决策提供依据。将大数据应用于企业外部时，可以发挥企业自身优势，为其他企业提供创新服务，帮助其他企业解决问题与困难，增加企业收益。

大数据不仅是一种海量的数据存储和相应的数据处理技术，更是一种思维方式，一项重要的基础设施，一场由技术变革推动的社会变革。大数据技术可运用于各行各业，如在制造行业，企业可以分析产品质量情况、市场销售状况及如何提升产品质量。如在服务行业，企业可以分析客户满意度，然后对服务过程进行改进，也可用大数据分析客户的需求，创造新的服务模式，增加客户黏度或者提升品牌口碑。大数据服务创新应以用户需求为中心，在大数据中蕴藏的巨大价值引发了用户对数据处理、分析、挖掘的巨大需求。大数据服务创新可通过以下几个途径实现：

1. 使用大数据技术从解决问题的角度进行服务创新

大数据技术提供了一种分析问题、解决问题的思路。当企业在发展的过程中遇到问题，但通过一些尝试无法解决时，可以考虑采用大数据技术进行系统全面细致的分析，找到问题的症结，对症下药解决问题，在解决问题的过程中获得基于大数据的创新。通过大数据创新可以找到生产流程中最优化的步骤，提高成品率，也可以通过大数据创新找到合理的物料配比，生产出高质量的产品。

2. 使用大数据技术从整合数据的角度进行服务创新

大数据技术的宗旨是从多个数据源海量、多样的数据中快速获得有价值的信息。通过引入、研发数据挖掘、分析工具，加强数据资源的整合，为企业内外提供高质量的信息服务。在整合企业内外部数据时，不仅要重视结构化数据的采集，还要重视非结构化数据的采集、分析管理与服务。非结构化的数据（图片、声音、视频、地理位置信息等）已经成为数字资源的主体，约占数据总量的80%以上。通过整合进行大数据服务创新机遇较多，较容易成功，如跨行业整合。世界上行业数以万计，两个或者两个以上行业整合在一起即可出现多个服务方案，并且这样的整合多数是借用两个行业的优势，因此创新的服务较容易成功。

3. 使用大数据技术从深入洞察的角度进行服务创新

商业或经济领域的触角一般来说是最灵敏的，通过大数据可以深入洞察商业产生的微妙变化。通过深入洞察还能找到特色资源，从新的视角来看待大数据，利用大数据挖掘个性化服务价值。大数据环境下，用户生成内容体现了用户的行为特征，加强用户数据的研究和交互数据的利用，服务创新应以用户需求为中心，基于对用户行为数据的分析，针对不同用户的特点和需求，提供满足客户需求的服务，提升个性化服务的水平，如开展跟踪服务、精准服务、知识关联服务、宣传推广服务等。大数据时代，最大的服务创新就在于，通过大数据分析来解读大脑无法处理的关系，大数据相对理性的分析结合大脑感性的思维方式，使人们在决策和判断时，会得出性价比更高的结论。

4. 从大数据安全、个人隐私的角度进行服务创新

大数据的发展，使得信息开放度加大，新的信息采集、数据分析、数据挖掘技术以及海量数据存储技术和设备将不断涌现，然而带来的副作用是IT基础架构将变得越来越一

体化和外向型，对数据安全和个人隐私、商业利益甚至公共安全构成较大的风险。过度使用大数据，个人隐私的泄漏和滥用的可能性在变大，导致隐私保护难度加大。随着移动互联网、搜索信息、社交网络、物联网、电子商务等技术的迅速发展，人们在互联网及物理空间上的行为轨迹、搜索阅读、言论交流、购物经历等都可能被捕捉到。因此，在数据共享、数据公开的大趋势下，数据安全和个人隐私成为服务创新的发力点，如数据物理安全、数据容灾备份、数据访问授权、数据加解密、数据防窃取等都需要新的服务来保障。

5. 从纯大数据技术的角度进行服务创新

信息爆炸时代，大数据普遍存在，需要的是对信息更明晰地呈现、更准确地分析和更深层地解读，如趋势预测性服务、数据驱动型服务、数据呈现服务、分析与解读能力服务。数据呈现的服务创新是将数值型和文本型的信息形象化、可视化的一种方式，主要表现为呈现数据、提示要点、图解过程、梳理进程、揭示关系、展现情状、整合内容、表达意见、分析解读等，现在市面上已经有不少公司提供数据呈现服务与工具。

（二）大数据服务的商业价值

大数据商业价值转化可分为两大类：一类是业务视角，通过大数据与市场、行业等融合，实现商业价值的转换，典型的应用包括战略决策、数据整合、精准营销、提升品质等；另一类是技术视角，也就是从大数据本身的处理加工实现商业价值，内容包含数据、技术、处理、应用等。

大数据商业价值实现的业务视角实质上是大数据与市场、行业融合，通过大数据技术整合企业内外部数据，加之快速处理分析的能力，为企业的高层提供分析报表以实现制定正确的战略决策，并帮助企业提高产品质量、服务满意度；通过大数据技术还可对顾客的特征进行分析与洞察，针对不同的顾客采用不同的营销手段，推销不同的产品和服务，让顾客感觉贴心服务，增强客户黏性，进而提升成单率，实现企业增收。大数据主要从四个方面体现巨大的商业价值：一是运用大数据预测市场趋势，科学制定战略决策，发掘新的需求和提高投资回报率；二是运用大数据整合与集成业务数据，联通数据孤岛，促进大数据成果共享，提高整个管理链条和产业链条的投资回报率；三是通过大数据实现精准营销，对顾客细分，然后针对每个顾客群体采取独特的营销策略；四是企业实施大数据促进商业模式、产品和服务的质量提升与创新。

运用大数据预测市场趋势，科学制定战略决策。大数据分析技术使得企业可以在成本较低、效率较高的情况下，实时地把数据连同交易行为的信息进行储存和分析，获取准确的市场趋势走向，并将把这些数据整合起来进行数据挖掘，通过模型模拟来判断何种方案投入回报最高，企业据此可做出合理的战略决策，从而使企业在市场竞争中处于有利位置。

运用大数据整合与集成业务数据，联通数据孤岛，促进大数据成果共享，提高整个管理链条和产业链条的投资回报率。通过大数据技术整合企业内外部数据，分析企业在市场竞争中的趋势，预测市场存在的风险，合理规避风险，为企业健康稳健发展提供大数据依据。通过大数据能够处理多种数据类型的能力集成企业多个数据源，联通数据孤岛，使一盘散沙的各种数据形成合力，为企业的战略决策、精细化管理提供数字依据。

通过大数据实现精准营销，对顾客细分，然后针对每个顾客群体采取独特的营销策略。通过大数据深入洞察客户需求，精准营销产品，提供更为贴心的服务，提高客户黏性，增加企业销售额，获取更多的利润。瞄准特定的顾客群体进行营销和服务是商家一直以来的追求，大数据可以将顾客依据行为特征进行分组，同一组的顾客具有相同的行业喜好，这组顾客会对同样的产品有需求。

企业实施大数据促进商业模式、产品和服务的质量提升与创新。互联网企业具有形成大数据的网络条件和用户基础，因此大数据在互联网行业应用的商业价值已经凸显，互联网行业也成为大数据在商业模式创新、产品创新、服务创新的领跑者，如电商平台的小额信贷服务、搜索引擎的关键字销售、社交网络的广告服务等。因此，互联网行业也成为金融、电信、实体零售等行业追学赶超的对象。

电商平台通过分析用户的历史交易记录，评估用户的信用等级，计算信用额度，为用户提供无抵押的贷款服务，并且将贷款审批时间缩短为几分钟，还支持随时还款，为用户解决了交易中资金不足的燃眉之急，电商平台因提供小额信贷服务也获得了丰厚的利息回报。同样，搜索引擎企业通过卖关键词排名获取高额利润，社交网络通过投放广告实现巨额利润，如微博、微信朋友圈等里面投放的广告。

企业通过实施大数据，实现精细化管理，从而提高产品质量，提升服务满意度，提高投资回报率。

从大数据商业价值的技术视角看，大数据本身就蕴藏着商业价值，可以从数据、技术、处理、应用四个方面挖掘大数据的商业价值。如通过数据交易实现收益：有些企业因有大量数据但缺乏大数据技术，而购买大数据挖掘工具，可弥补大数据实施的不足，典型代表如金融企业；还有一些企业有大数据，也有大数据技术，但缺少满足市场需求的应用解决方案，如数字营销、战略决策、精细化管理等，因此围绕大数据周边的咨询、培训等解决方案供应商如雨后春笋般地大量涌现。

二、大数据的服务内容

随着互联网的迅速普及，WEB 3.0 技术的兴起，每个人都可以在网上表达自己的思想，上传自己的资料，包括文字、图片、视频等。互联网信息的爆炸式增长，使人们获取信息的方式与交流方式发生了重大改变，对人们的生产、生活产生了重大影响。同时促进了中国经济的快速发展，带动了新产业的兴起，如电子商务、网游、社交网络、物流等产业。技术的发展、互联网应用的深入，为互联网公司或者企业带来了新的机遇与挑战。互联网的蓬勃发展，消除了时间、空间的限制，使信息的获取更快速，产品的营销范围更广，辅以物流快递可以实现全球范围的销售，基于此，企业看到了无限商机，各家企业纷纷上网营销宣传自己企业的服务与产品。

互联网技术的发展，同时促进了其他产业的升级与改造，典型的代表是智能手机的出现及迅速普及，人们可以随时随地上网，获取信息、发布信息，信息的爆炸式增长，导致企业的传统流程或工具无法处理或分析信息，超出企业的正常处理能力，迫使企业必须采用非传统处理的方法。大量的信息对企业的IT运行环境、网络带宽、数据能力等都提出新的要求。人们称这样的大量信息、大量数据为"大数据"。

面对互联网数据信息的快速增长，快速检索、快速收集、快速分析处理等问题凸显，谷歌公司率先提出了有效的解决方案，其中比较有代表性的三篇论文是 Google File System（GFS）、MapReduce 和 BigTable，描述大量的数据收集与储存，还涵盖了大数据分析处理的速度，这些技术主要解决了互联网的快速发展、网页数量爆炸式增长、信息检索不方便的问题。这些技术开启了大数据收集、存储、分析、处理的新篇章，这些技术被称为大数据技术。针对大数据的特点，后续又出现了内存计算技术 Spark、实时计算技术 Storm、机器学习算法等大数据技术。

伴随着大数据技术的出现，并且大数据技术是具有复杂度的新兴技术，使用上有一定的难度，在各个行业还缺少成功的经验与参考的模式下，各大行业还在摸索大数据行业的应用经验。2015 年是大数据技术行业应用元年，各个大数据企业渴望充分发挥企业的大数据优势，在市场竞争中夺取有利的地位，因此产生了大量基于大数据服务的需求，如大数据实施方案、大数据实施、大数据培训、数据中心建设及方案、数据安全方案等。

企业有了大数据，有了大数据技术，更重要的是要发挥大数据的价值，为企业增加营收、带来利润，而非成为企业的负资产。通过大数据技术在企业中的应用，可以解决企业决策难、企业管理疏漏等问题，降低企业成本，促进企业科学化、数据化决策，并且帮助企业及时准确地把握市场走向，为企业的市场竞争保驾护航。

大数据的数据量大，需要 PB 级别的存储，为保证数据的安全性、可靠性、易维护性，采用多份副本机制，并且大数据存储采用商用 x86 服务器，实现大数据实时在线，方便检索与快速访问，因此需要管理成百上千台，甚至上万台的服务器。如此之多的商用服务器会产生两个方面的问题：一是这些服务器放在哪里的问题，企业是自建数据中心还是租用机房；二是如何管理这些服务器的问题，是人工管理还是自动化管理。为此，云计算必然成为大数据的底层支撑，并已经为以上的问题提供了解决方案。

云计算为大数据提供了基础设施，以及基础设施的运维与管理；大数据技术为大量数据提供了大数据存储、大数据处理、大数据分析等能力；大数据又为企业的精细化管理、战略决策、互联网营销、物联网、互联网金融等提供了商业支撑，以便企业高层管理者在做决策时有据可依，通过大数据敏锐地洞察市场趋势、企业经营状况等细微的变化，为企业做出正确有前瞻性的决策提供数据依据。

互联网金融的核心是数据，数据的规模、有效性和运用分析数据的能力是决定互联网金融成功与否的关键，并且数据的真实性关乎互联网金融下所有衍生商业模式的风险。在互联网金融发展的过程中，必须将数据列为互联网金融的核心竞争力，以数据转化为信用来评价人或者产业的价值，降低金融行业经营风险、扩大金融服务受众。

通过采用大数据技术，企业可以在以下几个方面获益：数据集成、精细化管理、战略决策、互联网营销等。

（一）面向业务的大数据服务

1.战略决策

在传统的企业经营活动中，企业管理者依据独立的内部信息和对外部世界的简单直觉制定企业战略决策，而科学地预测市场并制定战略决策是极为困难的事情。互联网时代的到来，尤其是社交网络、电子商务与移动互联的快速发展，导致传统的决策方式受到极大的挑战，甚至已经无法做出正确的判断。

大数据时代，传统的企业经营管理与决策方法无法处理如此大量的"非结构数据"所呈现出的信息。《时代》杂志曾经断言："依靠直觉与经验进行决策的优势急剧下降，在政治领域、商业领域、公共服务领域等，大数据决策的时代已经到来。"在大数据技术的支撑下，科学决策并非难事，企业管理者的决策方式将不可避免地发生改变。

企业外部的市场环境、企业内部的管理环境日益复杂，迫使企业管理者要能够快速、正确地制定战略决策。

无论企业还是政府都离不开正确的战略决策，战略决策通俗地讲，就是组织依据国际、国内市场信息，结合自身优势，综合分析市场走势，制定有利于组织发展的长期规划，并做出相应的市场布局与资金投入。长期规划的制定即战略决策，依赖于对市场信息的收集、及时地分析，以及正确地理解市场趋势，预测未来，顺势而为。

企业通过合作，可以组建信息供应链，获取可执行的信息，从而促进创新和战略转变，获得竞争优势。可执行的信息包括公司环境、竞争对手和客户的整体数据，使决策者能够对动态的竞争环境做出快速反应。

在宏观层面，大数据使经济决策部门可以更敏锐地把握经济走向，制定并实施科学的经济政策。而在微观方面，大数据可以提高企业经营决策水平和效率，推动创新，给企业、行业领域带来价值：一是增加收入。零售商可通过对海量数据的实时分析掌握市场动态并迅速做出应对，通过精准营销增加营业收入。二是提高效率。在制造业，通过整合来自工程研发和制造部门的数据以便实行并行工程，可以显著缩短产品上市时间，并提高质量；在市场和营销方面，大数据能够帮助消费者在更合理的价格范围内找到更合适的产品来满足自身的需求，提高附加值。三是推动创新。企业可从产品开发、生产和销售的历史大数据中找到创新的源泉，从客户和消费者的大数据中寻找新的合作伙伴，以及从售后反馈的大数据中发现额外的增值服务，从而改善现有产品和服务，创新业务模式。

战略决策的制定并非是一成不变的。因市场竞争激烈，瞬息万变，需要有敏锐的洞察力，随着市场的变化及时调整企业战略目标和战略布局。机遇转瞬即逝，风险随时存在，利用大数据的敏锐洞察力，先知先觉，采取有效方案，发挥优势，避开风险，使企业在市场竞争的大潮中，乘风破浪，茁壮成长，永续经营。同样，只注重市场而不注重企业自身特点，或者只注重企业自身特点而不注重市场，企业战略决策将会失去平衡，因此，制定企业战略目标的前提是收集大量的数据，综合分析业务，企业内部管理、企业外部市场要全面考虑。不难想象如此庞大的数据，数据安全存储、数据及时分析都是传统 IT 解决方案无法满足的，这正是大数据的优势，大数据为企业战略决策提供了可行的解决方案。

大数据给企业战略决策提供了新思路和新方法，为企业战略决策提供了大量、全面的数据支持，帮助企业准确、快速预测市场趋势，制定战略决策，调整企业战略布局，发挥企业优势，使企业处于有利的地位，为企业制定合理、成功、理智的战略决策提供了保证。

2. 精细化管理

随着世界经济的快速发展，市场竞争越来越激烈，人们意识到早些年的粗放式发展方式已经不再适应当今激烈竞争的市场环境。随着物质资源变得稀缺，人力成本提高，企业需要通过严格精准的业务流程、产品质量、服务模式，以充分发挥物质资源、人力资源的价值，减少不必要的消耗与浪费。因此，20 世纪 50 年代一些国家提出了精细化管理的理念。

在 20 世纪 50 年代及以后的一段历史时期，精细化管理理念的确解决了大多数企业的部分管理问题，并且在世界各国快速普及，得到深入的应用。随着精细化管理在企业实践中的应用与改进，已发展为一套完整的现代管理学体系。现代管理学认为，科学化管理有三个层次：一是规范化，二是精细化，三是个性化。精细化管理是建立在常规管理的基础上，是社会分工精细化、服务质量精细化的管理理念，是一种以最大限度地减少管理所占用的资源和降低管理成本为主要目标的管理方式，并将常规管理引向深入的基本思想和管理模式。

随着企业对精细化管理的应用，管理专家总结了企业精细化管理实施方案，实施方案分为以下几个步骤：

（1）利用平衡记分卡方法实现企业战略目标管理。

（2）目标的 SMART 原则。

（3）流程优化和管理的目视化。

（4）有效的业绩管理机制。

（5）学习型组织的建立。

（6）员工参与和持续改进的文化。

没有大数据支撑的精细化管理是一个伪命题。大多数企业实施了精细化管理，但是企业还是原来的状态与能力，并且没有得到质的飞跃，在企业中已经实施了先进的管理理念和管理体系，只能解决表面上的某些问题，而不能将绩效、业绩有本质的提升，甚至有些业务采用了精细化管理反而导致工作效率的降低。跟踪业务流程，分析各个环节，发现企业战略被层层分解，分解为员工的事务性工作，员工完成工作后提交，领导大多数会看一下，主观地给出是否完成的结论，而不是依据工作完成的质量数据或者验收数据为基础做出判断。而在系统整合集成时或者投入市场后出现各种问题，市场无法接受低品质的产品与服务，导致企业绩效、业绩无法提升。造成以上问题的主要原因有两个：一是20世纪50年代提出精细化管理是一种理念，是理想的状态，在理想与现实之间存在鸿沟，而这个鸿沟持续多年均未找到有效的解决方案；二是管理者意识到要准确地判断事务性工作的质量，并给出合理的判断与评价，需要参考历史成功案例，而因历史原因这些数据并未得到有效的收集与管理，在需要时无法及时获取，管理者只能通过主观或者凭借经验给出结论。更多时候，在没有历史数据参考的情况下，很难给出验收标准。并且碍于同事之间的感情，人为的感情因素占据上风，甚至给出错误的验收结果，为公司、企业的整个战略实现埋下隐患。

如何弥补鸿沟和提升工作质量呢？解决问题的方式就是充分利用企业多年积累的数据。收集业务数据，并且通过分析与挖掘，找到成功的或者优化的解决方案，形成标准，形成经验库，为将来的准确控制提供数据依据，如验收标准、整合标准、战略分解经验库等。在做战略分解时，直接使用经过多年使用已经完善的分解方案，提高工作效率，提升战略达成率。尤其对政府企业事业经常更换领导、乱指挥的现象，形成政府管理经验积累。

大数据为精细化管理提供了收集数据、管理数据的优秀解决方案。企业在实施精细化管理时，很想收集业务数据信息，这些数据量很大，并且还包含半结构化、非结构数据，在当时无法分析与处理，并且占用昂贵的存储，因技术限制与成本问题企业都没有收集。大数据技术的出现与发展，为企业收集大量的数据提供了条件，无论数据类型、数据多少，大数据都可以低成本地收集与存储，并且提供高效的分析处理与挖掘技术，为企业的精细管理提供 IT 技术保障，弥补精细化管理理念与战略实现之间的鸿沟。

3. 精准营销

收集用户行为日志，互联网具有天生优势：互联网接入广泛，用户群广泛，接入方式多样，如 PC、智能终端、移动设备等；用户行为数据容易捕捉，如点击操作、查看操作、聊天内容、询盘记录、交易记录、文件存储、搜索内容等。而其他的行业却难以做到用户行为信息收集，如金融行业等。原因在于双方达成协议之后，发生金融交易时，才会进行账务交易，金融行业收到的只是结果，甚至双方交易的原因也是无法获取的，而且大部分交易是通过现金完成的，金融行业是无法捕捉这部分信息的，而这部分信息恰恰占有着很高的比重。相对于金融行业来讲，电信行业更有优势：通过通话记录、短信记录、信令机制、流量数据等可以了解用户的行为，如通过信令机制可以知道用户的行动轨迹、开关机时间等，通过流量数据可以知道用户常用的软件等。不过这些对于单个用户来讲是用户隐私，在做数据采集与分析时，要保证用户的隐私安全，防止信息泄漏，对业务造成影响，导致客户流失。

大数据时代的来临，为互联网精准营销提供了技术基础。商业信息积累得越多，价值也越大，大数据战略不仅要掌握庞大的数据量，而且要对有价值的数据进行专业化处理。大型互联网企业通过收集用户操作日志，进行分析处理、大数据挖掘，从而获取用户的个人偏好，建立用户网络肖像，将推荐结果与个人网络肖像相结合生成个性化推荐结果，因此所有的推荐结果都是客户最想要的，为客户节约大量的时间，提升客户的体验，客户会更喜欢访问网站，进而提升客户留存率。其中，大型互联网企业中最好的大数据应用典型代表有电商平台、搜索引擎、社交网络、内容网络等，下面对这些企业一一介绍。

（1）大数据电商

电商平台的大数据技术应用最为成功、最为深入。电商平台通过使用大数据，能够做到精准营销，提升转化率，预测市场趋势，提升流量为商家提供客源等。充分利用电商平台的海量数据，支持商家营销，使卖家准确找到自己的买家，管理自己的客户，直接提升营销效果。

用户在使用电商平台的过程中，搜索了什么产品，点击了什么产品，看了什么产品，在产品页面上停留了多少时间，最终购买了什么产品，这些数据都会被系统记录。电商平台也会利用用户的从众心理，推荐当前热销的产品，从而增加成交机会，提升转化率。

电商平台还会通过一些活动来引导用户表达喜好和需求。例如，针对是否喜欢情人节发起投票，多数喜欢情人节的用户是热恋中的人，亚马逊可能会推荐各种礼物，如情侣装、戒指、鲜花等。而失恋和单身的人一般不喜欢情人节，亚马逊则推荐失恋疗伤的书籍，如游戏机之类自娱自乐的商品。电商平台正是通过不断的数据收集、整理和分析用户行为数据和偏好，挖掘用户的潜在需求，并以此为依据进行精准营销。

（2）大数据搜索

第一批将大数据技术实现并应用于生产环节的代表是搜索引擎企业，最早的应用公司是谷歌公司。谷歌最初想建立万维网的索引，因此通过网络爬虫捕捉网页内容，并将这些大量的网页内容进行存储。谷歌不仅存储了网页内容，还储存了人们搜索关键词的行为，精准地记录下搜索的时间、内容和方式。这些数据能够让谷歌优化广告排序，并将搜索流量转化为盈利模式。谷歌不仅能追踪人们的搜索行为，还能够预测出搜索者下一步将要做什么。换言之，谷歌能在用户意识到自己要找什么之前预测出用户的意图。抓取、存储并对海量人机数据进行分析和预测的能力，就是大数据最初在搜索引擎行业的应用。

搜索技术对于用户需求的捕捉是割裂的，没有连续性。而大数据则可以有效"洞察"消费者的下一个需求。搜索营销是借助用户搜索、浏览过的网站记录下用户的行为习惯，并在下一次主动推荐给用户，它是一种先"记录"后"营销"的逻辑，它比过去的广告模式先进，但有可能用户在第一次搜索后消费就已经完成，再次营销时，需求已经不存在了。

而大数据营销则完全是"预测式"，它根据用户之前的行为，预测将要发生的事件，然后给用户推荐当下需要的"东西"，由此产生的营销显然将价值挖掘到了极致。

传统的搜索引擎将广告内容简单排列，而如今通过大数据技术，搜索引擎已经转变为更懂人性和生活的科技营销平台。

（3）大数据社交网络

随着移动互联网时代的到来，社交网络（Social Network）已经普及，并对人们的生产生活产生重大影响，人们可以随时随地在网络上分享内容，获取新资讯，由此产生了海量的用户数据。社交网络的海量数据中蕴含着很多实用价值，需要采用大数据对其进行有效的挖掘。

基于社交网络的数字营销应用，如品牌营销、市场推广、产品口碑分析和用户意见收集分析，将会是未来大数据应用的热点和趋势。而且互联网还有一个很大的优势，就是获取数据很方便，只要使用爬虫技术，就可以很快获取互联网上海量的用户数据，再结合文本挖掘技术，就能够自动分析用户的意见和消费倾向。同时，因为这些数据都是公开数据，这就规避了大数据分析的一个非常大的障碍——用户隐私问题，这为大数据分析的商业应用铺平了道路。

帮助其通过客户的社交关系网络进行数据挖掘，发现相似类型的潜在客户社群，针对客户群进行不同类型的产品促销；并且通过重点客户的供应链、销售等上下游关系，金融转账和交易数据，客户与同行及竞争对手之间的关系等，进行客户资产的分析排名，预测其潜在经营实力，帮助金融企业挖掘潜在的大客户。

通过对社交网络数据进行爬取和分析，可视化展示企业在社交网络中的用户口碑和用户对各种产品的意见，及时动态显示某个重点事件在网络中的传播路径和范围，帮助企业监听热点事件，及时响应网络上的用户意见，准确改善服务质量，提升企业的品牌形象。

大数据与社交网络的结合与深入应用，将会为企业带来更多的收益，为企业和社会带来大价值。

4. 信息服务

（1）信用及信用体系服务

将信用提供资源性整合、提取、分类、分析出售是信息经济时代一个新型的商业模式。在大数据技术的驱动下，电商公司善于运用数据挖掘分析技术，帮助客户开展精准营销，公司业务收入来自客户增值部分的分成。

另外，最典型的是小额信贷公司，如果这些公司有大量的数据支持，有数据挖掘分析、行为预测能力，可以很好地开展小额贷款业务。传统模式下，小额信贷需要抵押品或者担保人。但是在大数据时代，通过分析这些企业的往来交易数据、信用数据、客户评价数据等，就可以降低放贷风险。目前，基于数据分析的小额贷款公司（如阿里、京东等电子商务公司）都成立了基于信用分析的小额贷款公司。

用技术打破信息壁垒，以数据跟踪信用记录，互联网技术优势正在冲破金融领域的种种信息壁垒，互联网思维正在改写金融业竞争的格局，"互联网＋金融"的实践正在让越来越多的企业和百姓享受更高效的金融服务。随着信用大数据库的不断完善，对用户做信用风险的常规审核，并将风险审核做到价值链的深处，以更好地给出风险评价，为投资用户提供更多的风险保障和透明化信息评估。未来这不仅惠及互联网金融平台，也将会成为全社会金融投融资理财的征信标准之一。

（2）社交网络信息服务

所谓社交网络是一种在信息网络上由社会个体集合及个体之间的连接关系构成的社会性结构。社交网络的诞生使得人类使用互联网的方式从简单的信息搜索和网页浏览转向网上社会关系的构建与维护，以及基于社会关系的信息创造、交流与共享。它不仅丰富了人与人的通信交流方式，也对社会群体的形成与发展方式带来了深刻的变革。

互联网社交网络信息处理构成了一个典型的大数据系统，面向社交网络的大数据管理分析与服务综合运用搜索引擎技术、文本处理技术、自然语言处理和智能分析等技术，对互联网海量社交网络信息自动获取和分析，提供面向互联网的热点话题监测、分析、挖掘、溯源及报表展示等功能。面向社交网络的大数据管理分析与服务适用于广告推广、政企宣传、国家安全等，也适用于企业进行产品口碑跟踪、技术情报收集和精准营销。

企业可以利用拥有的社交网络的用户量、信息量，利用数据挖掘技术帮助客户开拓精准营销或者新业务，如把数据、信息作为资产直接进行销售。

5. 产品创新

产品创新是指开发创造某种产品或服务，或者对这些产品和服务的功能或内容进行创新。产品和服务往往是一个组织对外业务核心的交付物，常常关系着组织的战略或商业的成败。产品和服务的开发，当面对外部复杂的市场和生存环境时，会变成一个非常高风险的事，服务和产品的失败案例屡见不鲜。服务和产品创新离不开对客户和精准满足服务对象的需求，按照需求研制，以期提高成功概率。

大数据的应用将助力服务与产品的创新，因为大数据可以挖掘分析大量的各种信息，完善对客户需求的划分、感受和分析，以便在各种问题和想法完全被意识到之前，及早发现它们，并用于改善服务与产品。

大数据应用于服务和产品的创新主要呈现以下两种形态：

（1）现有服务于产品赋予新含义

大多数组织都有有资质的客户服务及产品管理系统，如客户关系管理（CRM）或企业关系管理（ERM）系统，这些系统为组织积累了大量已经发生和正在发生的客户数据，往往是组织优化产品和服务创新的基础数据。

当产品和服务在市场上出现波动时，就需要去整合分析客户满意度及需求的变化，实施产品功能优化或服务内容优化等。许多组织有大量的内部数据（现在基本上没有利用起来），可用来指导创新。

呼叫中心是组织服务的窗口，常常也是个重要的大数据资源。许多组织能够有效利用跟客户之间服务过程的对话内容，搜寻可能表明需要推出新产品或改进旧产品的常见词，从而满足未得到满足的客户需求。

（2）大数据应用于服务与产品生命周期

将大数据应用于产品与服务的创新比较复杂，需要组织选择合适的数据。许多人没有认识到，大数据的关键不是使用海量数据，而是深入分析数据流，解读这些海量数据，从中推断出正确的结论。与此同时，还需要内部协调达到较高的水平。例如，客户服务和市场营销部门的数据，因为这些部门的数据常常出现标准不一和维度差异等其他问题，这就需要依托大数据技术实现异构数据的挖掘与整合。

（二）面向技术的大数据服务

通过对大数据服务价值的分析，可以看到大数据无论在新兴的互联网行业，还是在传统的生产制造行业，都有重要的实际价值，甚至大数据是各行各业成长的催化剂。对于企业来说，谁先掌握大数据，谁将在竞争中处于有利位置，在同行业中脱颖而出，成为领跑者。

大数据是近几年新兴的技术，是一套与传统 IT 研发完全不同的技术，而当企业管理者还没有做好思想准备迎接大数据时代，大数据时代却已经迅速到来。当管理者要应用大数据时，发现大数据存在着众多技术和前提，如分布式存储技术、分布式计算技术，应用大数据的前提是企业需要有海量数据也要有足够的经济实力等，这时才发现企业没有数据积累，企业没有经济实力，企业没有技术积累。

那么，在各种条件不具备的情况下，企业就不做大数据实施了吗？看着同行业者超越自己蓬勃发展，而自己企业在市场竞争中处于不利的位置吗？如何应对大数据给企业带来的机遇和挑战呢？结合企业的自身优势，在大数据的不同层面、不同角度提供服务，帮助企业应对大数据的机遇与挑战。企业通过整合外部服务，可以将自身的弱势与风险转嫁给专业的大数据服务公司，实现合作共赢。

目前，在大数据产业链上有三种大数据公司：

（1）基于数据本身的公司（数据拥有者）：拥有数据，不具有数据分析的能力。

（2）基于技术的公司（技术提供者）：技术供应商或者数据分析公司等。

（3）基于思维的公司（服务提供者）：挖掘数据价值的大数据应用公司。

不同的产业链角色有不同的盈利模式。按照以上三种角色，对大数据的商业模式做了梳理和细分。

大数据还在发展中，大数据技术、大数据服务还在变化的过程中，暂时还未出现通用的大数据平台或者工具，但是各大 IT 厂商正在探讨与研发中。专业的大数据服务公司从以下几个角度提供面向技术的大数据服务：

1. 大数据存储服务

选择大数据存储时需要考虑应用特点和使用模式。传统数据存储是以结构化数据和数据文件为主，对数据的存储为了安全采用 RAID 或者高端存储设备，或者人工手动备份的方式。数据的存储设备和运维成本都很高，但是存储的数据在需要时不能及时地处理与分析，数据无法发挥价值，尤其文件数据更是难以使用。

而大数据既包含结构化数据，也包括半结构化数据和非结构化数据，并且可以从各种数据中提取有用的信息，如邮件、日志文件、社交网络、多媒体、商业交易及其他数据。大数据应用的一个主要特点是实时性或者近实时性。例如，金融类的大数据应用，能够帮助业务员从数量巨大、种类繁多的数据中快速挖掘出相关信息，领先于竞争对手做出交易决策。

大数据是海量、高增长率和多样化的信息资产，需要使用新的处理模式才能发挥更强的决策力、洞察力。大数据通常以每年 50% 的速度快速增长，尤其是非结构化数据。随着科技的进步，有越来越多的传感器、移动设备、社交网络、多媒体等采集大数据，因此，大数据需要非常高性能、高吞吐率、大容量的基础设备。

大数据通过采用大量廉价的商用 x86 服务器或者存储单元，多个连接在一起的存储节点构成集群，而且存储容量和处理能力会随着节点的增加而提升，支持横向线性扩展，支持 PB 级存储的分布式文件系统。数据存储采用多个复本机制，提升数据安全，如果一部分节点遇到故障，失败的任务将会交给另一个备份节点，保证数据的高可用。典型的大数据分布式文件系统有 HDFS、GFS 等。

另外，一个适合处理大量数据的技术是对象存储。对象存储有可能替代传统的树形文件系统。对象存储支持平行的数据结构，所有文件都有唯一的 ID 标识，典型的对象存储系统有 Amazon S3、OpenStack Swift 等。

新兴的大数据存储技术对使用者有一定的技能要求，而对于一些技术薄弱的企业来说存在一定的困难，企业可与大数据服务公司合作，由大数据服务公司协助完成大数据环境的实施工作，如 Cloudera 公司、发行 Hadoop 商业化版本的公司；同时也要求企业有集群的硬件环境，而对于一些资金不足的中小型企业来说，没有必要搭建自己的数据中心，可以租用存储服务的方式，实现大数据的存储，如租用 Amazon 的 S3 或者块存储设备。

2. 大数据计算服务

大数据计算就是海量数据的高效处理，数据处理层要与数据分布式存储结构相适应，满足海量数据存储处理上的时效性要求，这些都是数据处理层要解决的问题。MapReduce 分布式计算的框架实现了真正的分布式处理能力，该框架让普通程序员可以编写复杂度高、难于实现的分布式计算程序，得到 IT 产业界的认可与重视。MapReduce 最终目标是简单，支持分布式计算下的时效性要求，提升实时交互式的查询效率和分析能力。正如 Google 论文中提到的那句话：动一下鼠标就可以在秒级操作 PB 级别的数据。

大数据计算的最终目标是从大数据中发现价值。大数据的价值由分析层实现，根据数据需求和目标建立相应的数据模型和数据分析指标体系，对数据进行分析，产生价值。分析层是真正挖掘大数据的价值所在，而价值的挖掘核心又在于数据分析和挖掘，传统的BI分析内容在大数据分析层仍然可用，包括数据的维度分析、数据切片、数据上钻和下钻、数据立方体等。传统的BI分析通过大量的ETL数据抽取和集中化，形成一个完整的数据仓库，而基于大数据的BI分析，可能并没有形成数据仓库，而每次分析都是读取原始数据，通过大数据的强大计算能力实现快速分析，这是人们常说的无限维立方体，满足BI的灵活大数据分析需求。BI分析的基本方法和思路并没有变化，但是在执行数据存储和数据处理的具体方法上发生了很大变化。

大数据分析工具很多，如Hive、Pig等，企业可以依据自身具体情况进行选择；或者有技术实力可基于Hadoop MapReduce框架编程，对企业数据进行分析处理。商业化大数据服务软件也是不错的选择，如Oracle、Cloudera、阿里的ODPS等。

3. 大数据集成服务

大数据集成服务可以有效地解决数据孤岛问题，整合数据。不同的软件系统管理不同的数据，如财务系统管理财务数据、CRM系统管理客户数据、销售系统管理销售数据、ERP系统管理生产数据等。同一个企业不同的系统由不同的供应商开发，采用不同的语言平台，采用不同的数据库，导致企业的数据整合、系统之间的业务对接十分困难，出现软件系统之间的数据孤岛；并且拥有大数据的企业常常有多个业务部门，而且不同业务部门的数据往往孤立，导致同一企业的用户的各种行为和兴趣爱好数据散落在不同部门，出现部门间的数据孤岛。耗费大量的人力、财力维护无法兼容的数据孤岛，并不能从本质上解决问题，还会导致企业的数据资产不能很好地整合，发挥数据价值。

如何从本质上解决数据孤岛问题呢？通过采用大数据技术，将系统间的数据和部门间的数据整合在一起，形成数据仓库或者数据集市，然后利用大数据的分析挖掘能力解决数据孤岛问题，从企业的大数据中发现新知识、新模式，为企业带来收益。

当然实施大数据解决数据孤岛的问题，需要企业高层重视，有意识强有力地推动实施大数据技术，整合大数据，解决数据孤岛问题，为商业智能、大数据挖掘提供管理上支持。随着企业越来越关注潜伏在大数据中的价值信息，越来越多的公司开始设立数据治理委员会，由业务干系人所组成，这些部门关注数据源、技术方向、数据质量、数据保留度、数据整合、数据安全性和信息隐私，尤其企业CIO也要说服企业高层提供多方面的支持，如人才、技术、流程等方面，或者培训员工大数据技能，或者招聘数据科学家、分析师和架构师等。

随着大数据的普及，数据孤岛问题逐渐消失。因早些年的技术限制，如服务器处理能力、网络带宽、数据存储量等，企业在信息化的过程中，为了分摊服务器压力、网络分流、存储细分减少数据量，有意拆分不同的子系统，如此发展下去无形中形成了数据孤岛。但是随着技术水平的提升，随着大数据技术的出现，企业可以通过集群化技术提升服务器处理能力、存储能力，企业的所有业务软件都可以规划到一个大数据系统中，并且实现了资源共享、分时复用，充分利用企业在 IT 基础设施上的投入，数据集中存储与管理，降低运维成本，无形当中消除了数据孤岛。当然这需要企业内部有自己的 IT 治理部门，对企业的信息化做全局规划，逐步实施。如果企业对 IT 治理、信息化全局规划、实施路线没有独立完成能力，可以采用外包的形式，让专业的服务公司提供完善的建设方案，现在市场已经有多家公司围绕着大数据方案、大数据实施、大数据存储、大数据挖掘、大数据可视化、大数据销毁等提供解决方案。

在信息化高速发展和新兴业务不断出现的今天，许多企业或机构中，都已经存在各种业务系统，而且往往不止一个业务系统。例如，ERP 系统、CRM 系统、HR 人力资源系统、电子商务系统、OA 办公系统等。虽然各个系统都有着自己的数据，以及查询、分析、报表等功能，但是想要集中地对数据进行整合和管理，进行查询、分析会非常困难，因这些系统采用的技术平台各不相同，或者因项目由不同公司承接，为了利益人为设置系统间隔离，所以这些软件系统之间几乎都是独立隔离的，没有业务对接接口，数据也是独立存储的，并且存储的数据格式各不相同。以一个大型国企数据集成项目为例，这家企业有 108 套不同的软件系统。由于历史原因，企业内部形成数据孤岛，数据零散存储，分散在不同的软件系统中，企业数据之间有着密切的关联，因软件系统之间的壁垒导致这些数据无法发挥应有的价值。随着应用中数据库数目的增多，如何整合数据，让散落的数据可以访问变得日益重要，在这种情况下很多企业和机构都有着强烈地对数据进行采集和整合的需求，将不同业务系统的数据进行统一的整合和管理，从而能够进行综合查询、分析。

另外，随着互联网的快速普及，互联网上的数据信息爆炸式增长，这些大量的信息蕴含着巨大的商机与价值，谷歌公司通过建立互联网搜索引擎，掌握互联网的搜索入口，成为世界上的顶级 IT 公司，并且获得了丰厚的收益。现在人们都已经意识到互联网数据的价值，因此有些公司通过互联网对外提供数据服务以获取收益，如地图服务、市场调研报表等，抓取互联网上的公开数据，集成专业公司提供的数据服务，并对数据进行存储与分析挖掘，获取数据信息中蕴含的价值为企业的战略决策、市场规划所用。可见，这些数据的集成与利用已经成为企业发展、精准营销等的必然趋势。

大数据正在改变着商业游戏规则，为企业解决传统业务问题带来变革的机遇。通过大数据技术实现数据集成，可低成本存储所有类型和规模的数据。大数据开源实现 Hadoop，采用商用 x86 服务器集群存储和分析数据，可存储各种类型的数据，实现低成本存储和计算，并支持存储容量和计算能力横向扩展。因此，大数据技术为大规模数据集成提供了底层支撑。

市场是动态的，生成的数据是一直变化的，从这些原始数据可以获取全新的洞察力。存储来自组织外部和内部的所有数据，包括结构化数据、半结构化数据、非结构化数据和流数据，允许公司用户借助工具分析数据，获取深入的洞察力，以便可以通过大数据解决方案在更短的时间内做出更明智的决策。

一些平台和服务商的数据共享和开放，为精准网络营销提供了极大的便利。大数据集成服务可以整合共享和开放的数据，解决数据分散化的问题，营销行为可以更加精准地锁定一个人，在综合数据分析的基础上，可以发现一些普通的无法发现的营销秘密：营销主要人群分布在哪儿，年纪多大，都买什么东西，这些人群在不同平台有哪些不同偏好，变化是怎样的，结果是使个性化定向投放更加精准。

数据集成是分析挖掘数据的前提。ETL从多种异构的数据库中抽取数据，把数据迁移至数据仓库或数据集市，迁移时可考虑优化方案，如数据网格、数据缓存、数据批量及增量复制等。进而支持各种商业应用，挖掘数据中蕴含的商业价值，为企业制定战略计划提供依据，为企业发明创新提供源泉和动力。

然而，设计一个能涵盖大多数企业业务需求的数据模型并不简单，而建立一个面向用户查询、以分析为主的商业智能应用数据仓库模型就更复杂了。这些复杂性所带来的就是ETL实施过程的复杂性和实施难度。而且，即使企业能够在设计之初就完成复杂的数据仓库模型设计和ETL建设，随着企业新业务的拓展，新的业务、新的需求又会再一次摆在企业面前，企业又会再一次面临数据仓库模型的设计和ETL实施的问题。这对于在激烈的市场竞争中的企业来说是无法接受的。总结多年的数据管理经验，在数据集成方面可以参考如下两个方面解决数据集成中遇到的问题。

（1）元数据集成

在传统数据集成实施时，难点在于相同数据信息在不同的数据源中都存在，数据格式各异并且没有对应关系，所以不规范的数据格式对数据集成造成了巨大困难。在这种情况下，数据集成的前提是制定数据规范。通过定义元数据标准，约束各个数据源，在ETL过程提供符合规范的数据，将不同数据源的相关数据整合到一起，并且可以去除冗余数据，为后续的数据分析挖掘做好准备。采用元数据定义方案，企业要对现有软件系统进行统计分析，提取数据的共同特征，制定元数据规范。该规范应具备一定的包容能力和扩展能力，如某个字段的最大长度设计，如果某个字段在制定规范时没有考虑进来，后续如何增加进来。

通过采用元数据定义数据集成解决方案，帮助企业灵活可靠获取数据，并对企业的各类需求快速做出反应，降低数据集成的总体成本。

通过元数据定义可以帮助企业在数据集成时扫除大部分障碍，但是元数据定义的数据集成方案存在着固有的缺陷，ETL过程会依据规范化过滤数据信息，导致数据信息丢失，而恰恰是这些异常的数据内容蕴含了市场的变化信息。如果这些信息丢失，必然导致对市场变化的洞察力下降，无法捕捉市场趋势。那么，如何解决传统数据集成存在的问题呢？针对这种情况大数据却做得很好，通过采用大数据技术实现数据集成。因为大数据的存储规模足够大，计算能力强，处理的是全量数据，不用担心数据冗余的问题，可以将所有系统的原始数据都导入大数据集群中，每次分析全量数据，也消除了数据仓库中维的限制。企业可以从不同的角度、不同层面对数据进行分析与挖掘，从数据细微的变化洞察市场的趋势，对市场做出准确预测。

（2）异构数据集成

在传统数据集成方案中，包括现在知名的数据仓库软件系统，都是针对关系型数据库的，如前面介绍的元数据集成方案。而互联网的快速发展和智能设备的普及，导致非关系型数据的数据量爆发式增长。据不完全统计，非关系型数据的数据量已达世界数据总量的85%，非关系型数据包含半结构化数据、非结构化数据。

因此，必然要对非关系型数据进行存储、分析、挖掘，那么传统的数据仓库、数据集市则对此却无能为力，而大数据在设计初期就考虑到了结构化数据、半结构化数据、非结构化数据的存储与分析，所以大数据技术对处理各种异构数据的存储、集成、分析、挖掘都能胜任。

通过大数据技术处理异构数据集成，在各行业已经有深入应用。例如，某公司会对大量的语音文件进行识别，并且与相关的客户信息进行关联，分析营销效果，然后再做聚类分析，挖掘客户喜好进行产品推荐。

4. 大数据挖掘服务

数据挖掘是将隐含的、尚不为人知的同时又是潜在有用的信息从数据中提取出来，信息是记录在事实数据中潜在的、同时又是具有重要价值的一系列模式。大数据中蕴藏了大量具有潜在重要性的信息，这些信息尚未被发现和利用，大数据挖掘的任务就是将这些数据释放出来。为此大数据挖掘专家需要编写计算机程序，在数据库中自动筛选有用的规律或模式。假如能发现一些明显的模式，则可以将其归纳出来，以对未来的数据进行准确预测。

在大数据挖掘实践中，用以发现和描述数据中的结构模式常采用机器学习算法和技术。机器学习为数据挖掘提供了技术基础，可将信息从大数据的原始数据中提取出来，以可以理解的形式表达，并可用作多种用途。机器学习包含常用算法，如决策树、关联规则、分类算法、预测算法、聚类算法等。大数据挖掘洞察隐匿于大数据中的结构模式，有效指导商业运行，着眼于解决实际问题。机器学习算法足够的健壮性以应付不完美的数据，并能提取出不精确但有用的规律。

大数据挖掘对挖掘人员技能要求较高，如要求挖掘人员具有高等数学知识、业务专家、编程能力、机器学习算法等，企业内部培养大数据挖掘专家成本很高，甚至可能是无法做到的，企业可以与行业专家合作或者购买专业的大数据挖掘企业的服务，实现企业的数据挖掘的目标。

5. 大数据可视化服务

大数据可视化可帮助人们洞察数据规律和理解数据中蕴含的大量信息。数据可视化旨在借助于图形化手段，清晰有效地传达与沟通信息。大数据可视化可展示为传统的图表、热图等。为了有效地传达思想观念，美学形式与表达内容需要双重并重，通过直观传达关键的方面与特征，从而实现对相当稀疏而又复杂的数据集的深入洞察，方便相关干系人理解业务信息。

大数据可视化工具简单易用，为企业业务人员分析大数据提供了可能，如美国的Tableau可视化工具。

第二节 人工智能

一、人工智能概念

人工智能可以理解为通过计算机来实现人智慧的技术科学。比如，围棋的人机对弈，让机器自行思考下棋，这就是模仿人类的学习能力和推导能力等。人工智能的认知可以分为四个认知层次，即像人一样行动、像人一样思考、合理的思考和合理的行动。

人工智能领域主要研究机器人、图像识别、语音识别、自然语言处理等。

人工智能的定义为：研究、开发用于模拟、延伸和扩展人的智能的理论、方法、技术及应用系统的一门新的技术科学。

在人工智能时代，如果想利用人工智能进行图像识别、语音识别、语义识别等，就需要掌握机器学习和机器学习的子集——深度学习的相关知识。其中，机器学习是总结案例和经验，从而得出算法，不是依赖代码和事先定义的规则。比如，机器学习在区分水果和蔬菜的过程中，算法通过大量的数据进行分析训练，学习如何区分这两种类别，而不是单纯依靠开发者编写的程序代码来识别。深度学习是一种需要训练多层神经网络的层次结构，在神经网络每一层具有大量的激活函数，从而能够解决复杂的问题。

二、强人工智能与弱人工智能

对人的思维模拟，可以从两个方向进行：一是结构模拟，仿照人脑的结构机制，制造出"类人脑"的机器；二是功能模拟，从其人脑的功能过程进行模拟。现代电子计算机的产生便是对人脑思维功能的模拟，是对人脑思维信息过程的模拟。

强人工智能，又称多元智能。研究人员希望人工智能最终能成为多元智能并且超越大部分人类的能力。有些人认为要达成以上目标，可能需要拟人化的特性，如人工意识或人工大脑。上述问题被认为是人工智能完整性：为了解决其中一个问题，你必须解决全部的问题。即使一个简单和特定的任务，如机器翻译，要求机器按照作者的论点（推理），知道什么是被人谈论（知识），忠实地再现作者的意图（情感计算）。因此，机器翻译被认为具有人工智能完整性。

强人工智能的观点认为有可能制造出真正能推理和解决问题的智能机器，并且这样的机器将被认为是有知觉的、有自我意识的。强人工智能可以有两类：

①类人的人工智能，即机器的思考和推理就像人的思维一样。

②非类人的人工智能，即机器产生了和人完全不一样的知觉和意识，使用和人完全不一样的推理方式。

弱人工智能，其观点认为不可能制造出能真正地推理和解决问题的智能机器，这些机器只不过看起来像是智能的，但是并不真正拥有智能，也不会拥有自主意识。

如今，主流的研究活动都集中在弱人工智能上，并且已经取得可观的成就，而强人工智能的研究则是小有进展。

三、人工智能的研究

繁重的科学和工程计算本来是要人脑来承担的，如今计算机不但能完成这种计算，而且能够比人脑做得更快、更准确，因此，人们已不再把这种计算看作"需要人类智能才能完成的复杂任务"。可见，复杂工作的定义是随着时代的发展和技术的进步而变化的，人工智能的具体目标也随着时代的变化而发展。它一方面不断获得新进展；另一方面又转向更有意义、更加困难的新目标。

人工智能的研究范畴包括自然语言学习与处理、知识表现、智能搜索、推理、规划、机器学习、知识获取、组合调度、感知、模式识别、逻辑程序设计、软计算、不精确和不确定的管理、人工生命、神经网络、复杂系统、遗传算法、人类思维方式等。一般认为，人工智能最关键的难题还是如何塑造与提升机器自主创造性思维能力。

（一）人工智能的研究领域

用来研究人工智能的主要物质基础以及能够实现人工智能技术平台的机器就是计算机，人工智能的发展是和计算机科学技术以及其他很多科学的发展联系在一起的。人工智能学科研究的主要内容包括知识表示、自动推理和搜索方法、机器学习（深度学习）和知识获取、知识处理系统、自然语言处理、计算机视觉、智能机器人、自动程序设计、数据挖掘等方面。

1. 深度学习

这是无监督学习的一种，是基于现有的数据进行学习操作，是机器学习研究中的一个新的领域，其动机在于建立、模拟人脑进行分析学习的神经网络，它模仿人脑的机制来解释数据，如图像、声音和文本。

现实生活中常常会有这样的问题：缺乏足够的先验知识，因此难以人工标注类别或进行人工类别标注的成本太高。自然而然的，我们希望计算机能代替我们完成这些工作，或至少提供一些帮助。根据类别未知（没有被标记）的训练样本解决模式识别中的各种问题，称为无监督学习。

2. 自然语言处理

这是用自然语言同计算机进行通信的一种技术。作为人工智能的分支学科，研究用电子计算机模拟人的语言交际过程，使计算机能理解和运用人类社会的自然语言如汉语、英语等，实现人机之间的自然语言通信，以代替人的部分脑力劳动，包括查询资料、解答问题、摘录文献、汇编资料以及一切有关自然语言信息的加工处理。

3. 机器视觉

它又称计算机视觉，是指用摄影机和计算机等各种成像系统代替人眼等视觉器官作为输入敏感手段，由计算机来代替大脑对目标进行识别、跟踪和测量等机器视觉，并进一步做图形处理和解释。机器视觉的最终研究目标就是计算机能像人那样通过视觉观察和理解世界，具有自主适应环境的能力，它的应用包括控制过程、导航、自动检测等方面。

4. 智能机器人

如今我们的身边逐渐出现很多智能机器人，它们具备形形色色的内、外部信息传感器，如视觉、听觉、触觉、嗅觉。除具有感受器外，它们还有效应器，作为作用于周围环境的手段。这些机器人都离不开人工智能的技术支持。

科学家们认为，智能机器人的研发方向是给机器人装上"大脑芯片"，从而使其智能性更强，在认知学习、自动组织、对模糊信息的综合处理等方面将会前进一大步。

5. 自动程序设计

它是指根据给定问题的原始描述，自动生成满足要求的程序。它是软件工程和人工智能相结合的研究课题。自动程序设计主要包含程序综合和程序验证两方面内容。前者实现自动编程，即用户只需告知机器"做什么"，无须告诉它"怎么做"，后一步的工作由机器自动完成；后者是程序的自动验证，自动完成正确性的检查。其目的是提高软件生产率和软件产品质量。

自动程序设计的任务是设计一个程序系统，接受关于所设计的程序要求实现某个目标非常高级描述作为其输入，然后自动生成一个能完成这个目标的具体程序。该研究的重大贡献之一是把程序调试的概念作为问题求解的策略来使用。

6. 数据挖掘

一般是指从大量的数据中通过算法搜索隐藏于其中信息的过程。它通常与计算机科学有关，并通过统计、在线分析处理、情报检索、机器学习、专家系统（依靠过去的经验法则）和模式识别等诸多方法来实现上述目标。它的分析方法包括分类、估计、预测、相关性分组或关联规则、聚类和复杂数据类型挖掘。

人工智能技术的三大结合领域分别是大数据、物联网和边缘计算（云计算）。经过多年的发展，大数据目前在技术体系上已经趋于成熟，而且机器学习也是大数据分析比较常见的方式。物联网是人工智能的基础，也是未来智能体重要的落地应用场景，所以学习人工智能技术也离不开物联网知识。人工智能领域的研发对于数学基础的要求比较高，因此，具有扎实的数学基础对于掌握人工智能技术很有帮助。

（二）在计算机上的实现方法

人工智能在计算机上实现时有两种不同的方式，为了得到相同智能效果，两种方式通常都可使用。

一种是采用传统编程技术，使系统呈现智能的效果，而不考虑该方法是否与人或动物机体所用方法相同，这种方法称为工程学方法，已在一些领域内有了成果，如文字识别、计算机下棋等。

采用传统的编程技术，需要人工详细规定程序逻辑，如果游戏简单则方便；如果游戏复杂，角色数量和活动空间增加，相应的逻辑就会很复杂（按指数式增长），人工编程就非常繁琐，容易出错。而一旦出错，就必须修改原程序，重新编译、调试，最后为用户提供一个新的版本或提供一个"新补丁"，非常麻烦。

另一种是模拟法，它不仅要看效果，还要求实现方法也和人类或生物机体所用的方法相同或类似。遗传算法和人工神经网络均属这个类型。遗传算法模拟人类或生物的"遗传—进化"机制，人工神经网络则是模拟人类或动物大脑中神经细胞的活动方式。

采用模拟法时，编程者要为每一角色设计一个智能系统（一个模块）来进行控制，这个智能系统（模块）开始什么也不懂，但它能够学习，渐渐适应环境，应付各种复杂情况。这种系统开始也常犯错误，但它能吸取教训，下一次运行时就能改正，不用发布新版本或打补丁。利用这种方法来实现人工智能，要求编程者具有生物学的思考方法，入门难度大一点。但一旦入了门，就可得到广泛应用。由于这种方法编程时无须对角色的活动规律做详细规定，应用于复杂问题，通常会比前一种方法更省力。

第三节　工艺大数据分析模型及算法

一、工艺大数据分析平台总体设计

随着工业大数据及工业大数据分析技术的发展，工业大数据分析平台已广泛应用于工业设计、工艺、机械制造等多个领域。当前，在工艺大数据分析方面，由于工艺场景复杂多样，工艺数据种类多、数据量大，导致各类数据融合分析困难，数据价值挖掘深度不够，难以支撑工艺优化与质量提升。因此，为满足工艺数据深层次、多场景、广维度、强关联的应用分析需求，需开发一套涵盖多工艺场景、多分析模型、支持高性能分析计算的工艺大数据分析平台。应用此平台，便于工艺分析人员快速定位工艺问题，优化工艺参数，提升工艺质量。

二、工艺大数据分析平台需求分析

需求分析是平台设计开发的关键一步，工艺大数据分析平台应覆盖多应用场景，支持结构化、非结构化等多源异构数据的接入与存储，具备丰富的工艺分析算法库、模型库。工艺分析人员通过使用该平台可以对数据进行预处理，为数据价值的深层次挖掘提供可靠的数据资源；针对该数据资源，利用平台工艺分析算法库及模型库完成数据分析处理，并以多种可视化方式将分析结果进行展示。因此，工艺大数据分析平台应满足以下需求：

1. 平台功能界面简洁直观便于交互，运行环境稳定，响应快速。

2. 在管理层面，支持对管理员、分析人员等不同等级用户的访问权限管理，以及对平台日志、任务的日常维护功能。

3. 在数据接入与存储方面，工艺大数据分析平台应实现与生产制造执行系统（MES）、数字化工艺管理系统（MPM）等系统的集成，实现不同类型数据的接入与存储。

4. 针对数据分析计算，平台支持分析人员对分析流程的详细刻画，具备快速高效的数据分析计算能力。

5. 在分析结果管理及展示方面，平台集成 ECharts 中丰富的数据展示图例，支持多种类型数据、各分析环节结果的可视化展示，并具备结果管理功能。

6. 在平台资源管理方面，平台应包含丰富的、分类明确的算法库及模型库。支持新建、查询、装载调用、模型推荐等功能，且算法库及模型库应预留接口，便于其他平台调用集成。

7. 在平台可扩展性方面，平台功能可进一步扩展，实现对质量案例、工艺规范等非结构化数据挖掘提取工艺知识图谱、工艺大数据仿真分析、工艺路线优化、工艺协同配套能力分析、工艺协同配套质量监控等。

8. 在成熟性和先进性方面，在平台设计和开发过程中，需采用成熟的并且符合国内外发展趋势的技术、软硬件产品及设备，同时，要保证技术的稳定性和安全性。

三、工艺大数据分析平台体系架构

根据上述需求分析，本书提出了工艺大数据分析平台功能架构体系。平台自下而上依次分为大数据基础平台层、数据层、建模层、模型层、应用层和总体架构。

（一）大数据基础平台层

大数据基础平台是整个工艺大数据分析平台的基石，该基础平台集成了 Hadoop（分布式系统基础架构）、Spark（分布式批处理计算引擎）、Flink（分布式流处理引擎）、

ElasticSearch（大数据搜索引擎）、Hbase（分布式存储系统）、Zookeeper（分布式应用程序协调服务）等大数据开源组件，通过这些组件实现了工艺大数据分析平台数据接入、数据存储、分析计算等功能。

（二）数据层

数据层支持从MES（生产制造执行系统）将数据接入平台并进行存储。针对工艺数据类型复杂多样、数据量大等特点，数据层集成了MySQL、MongoDB、ElasticSearch、TSDB、Hive等多种数据存储环境，涵盖了结构化数据、非结构化数据、实时数据等多种数据类型。同时，数据层具备数据管理功能，支持数据的检索查询、分布概览等功能。

（三）建模层

此模块建模层主要用于构建数据模型及分析模型。整个建模过程以平台分析算法库为支撑。数据建模过程利用算法库相关算法实现数据预处理、数据包构建、数据集划分等数据资源准备工作；分析建模基于数据资源，设计分析流程，细化分析单元，利用分析算法挖掘数据特征，构建分析模型。

（四）模型层

模型层主要包括模型管理、模型检索、模型推荐、模型装载（调用）、模型评估等功能。其中，模型管理主要依据多维度标签体系，根据工艺应用行业、工艺环节进行模型信息分类管理。此外，该层针对模型分析结果，支持可视化展示及存储、导出等功能。

（五）应用层

应用层将模型库各类模型应用于多种分析场景，涵盖工艺影响因素分析、工艺参数优化分析、工艺场景故障诊断、工艺场景缺陷预测等分析场景，并支持将各类型应用导入三维数字化工艺系统（MPM）中。

四、工艺大数据分析平台功能模块

工艺大数据分析平台的功能模块包括用户管理、数据接入与存储、工艺数据建模、工艺分析建模、工艺分析算法库、工艺分析模型库、分析结果管理与可视化及系统集成模块。核心模块的主要功能如下：

（一）用户管理模块

用户管理模块主要提供了管理员及用户的注册登录、权限认证及注销等功能。

（二）工艺数据接入与存储模块

支持从MES系统或MySQL、MongoDB等数据库将数据接入平台。支持工艺和材料参数等结构化数据存储、支持生产线设备实物照片及工序图等非结构化数据存储、支持工艺分析所使用生产线上连续实时数据存储等。

（三）工艺数据建模模块

包括数据预处理、工艺数据包构建、工艺数据集构建。在预处理阶段，针对原始工艺数据集提供清洗、降维、规约等处理算法。在数据包构建模块，根据工艺分析需求，对数据进行特征提取和融合，形成多个工艺数据包。在数据集构建模块，面向工艺分析需求，对工艺数据包建立索引，划分贴合工艺分析需求的数据集，如训练集、验证集等。

（四）工艺分析建模模块

工艺分析建模功能包括分析流程构建、分析模型构建、分析模型融合。其中，分析流程构建是基于分析过程，利用流程图构建组件刻画分析流程。分析模型构建是基于构建的分析流程，针对每一步所使用的算法配置相应的参数，形成工艺分析模型。分析模型融合是根据分析需求，将单一分析模型进行融合，形成面向应用需求的分析模型，以满足复杂工艺分析的需求。

（五）工艺分析算法库

提供工艺大数据分析常用算法，涵盖逻辑回归、关联聚类、深度学习等算法，并根据应用场景的不同进行分类管理，主要包括分析算法封装、分析算法检索、分析算法装载（调用）等功能。

（六）工艺分析模型库

基于工艺数据分析场景，实现分析模型依据行业、工艺环节等分类管理体系，实现分析模型封装、分析模型索引及查询、分析模型推荐、模型装载调用等功能。其中，分析模型索引与查询功能是根据分析模型的存储结构，建立分析模型动态索引机制，支持按照名称、分类、关键字、适用范围等方式对模型进行检索的功能；分析模型推荐功能利用分析场景与模型之间的关系，基于推荐算法的原理进行实现；分析模型装载调用过程是根据分析模型运行状态，配置模型运行相关服务，设置模型运行参数，利用平台计算引擎，完成数据分析工作。

（七）分析结果管理与可视化模块

对工艺数据分析结果进行分类管理及可视化展示。提供工艺分析结果查询、导出等管理功能。同时集成 ECharts 组件支撑可视化功能。

（八）系统集成模块

集成数字化工艺管理系统（MPM）、数据采集与分析系统，提供相应的数据集成接口。

五、工业大数据分析算法

工业大数据分析算法是对特定分析模型的求解方法。目前工业大数据分析中的模型以通用模型为主，因此，求解这些模型的算法主要是经典的大数据分析算法及其改进算法。

（一）关联规则分析算法

关联规则分析中最经典的算法是 Apriori 算法和 FP-Growth 算法。Apriori 算法的理论依据是频繁项集的两个重要性质，即一个频繁项集的任意子集是频繁的，且一个非频繁项集的任意超集是非频繁的。其算法思想是首先扫描 1 次数据集，得到 1- 频繁项集，然后通过迭代逐层由（k1)- 频繁项集得到 k- 候选集，并利用频繁项集的性质从 k- 候选集中筛选 k- 频繁项集，直到没有新的频繁项集产生为止。得益于频繁项集的性质，Apriori 算法相较于传统算法大大提高了计算效率，且算法的思想简单，因而在关联规则分析领域得到了广泛应用。然而，经典的 Apriori 算法存在两个主要问题：其一是当数据量很大时，算法会产生大量的候选集；其二是算法需要多次扫描数据集，具有很大的 I/O 开销。

（二）决策树算法

决策树算法的核心是在决策树的每个节点上选取合适的测试属性，并按照测试属性将数据集进行划分，以此构造出完整的决策树。

最早的决策树算法是 ID3 算法。ID3 算法将信息熵理论引入决策树学习中，以信息增益为标准选取树节点的测试属性，递归地构造决策树。ID3 算法思想简单，且具有较强的学习能力。不过，由于 ID3 算法偏向于处理具有较多值的属性，因而存在过拟合的问题；算法对噪声数据敏感，且算法只能处理离散值，无法对连续属性值进行处理。

在 ID3 算法的基础上提出的 C4.5 算法的核心是在选择测试属性时，用信息增益率来替代信息增益，作为属性选取的标准。这一改进措施有效地克服了 ID3 算法具有的偏袒属性问题。在决策树构造过程中，C4.5 算法引入了"剪枝"的策略，以此来避免数据过拟合的问题。此外，C4.5 算法增加了对连续属性离散化的处理，使得算法能够处理连续属性值。然而，算法在处理连续属性值时，需要对数据进行扫描和排序，影响了算法执行效率，且算法只能对内存中的数据进行处理。

另一个经典的决策树算法是 CART 算法。CART 算法采用代表数据不纯度的 GINI 系数作为属性划分的标准。相较于 ID3 算法和 C4.5 算法基于信息熵来计算测试属性，基于 GINI 系数的方法计算更加简便，且具有很好的近似精度。此外，CART 算法用二分递归的方法进一步简化了 GINI 系数的计算，并得到更加简单、直观的二叉决策树模型。CART 算法采用类似 C4.5 算法的思想将连续属性离散化，因而能够处理连续属性值。不过，当属性类别过多、决策树的复杂度较高时，CART 算法的误差会较大。

（三）神经网络算法

神经网络算法的核心是训练神经网络模型，即根据训练数据调整神经网络模型的参数，以使模型的表征能力达到最优。最早的神经网络学习算法是感知器训练法则，该法则根据训练样例的目标输出和实际输出的差值来调整网络连接权，直至感知器能正确分类所有的训练数据。感知器训练法对于线性可分的训练数据是收敛的，但对于线性不可分的训练数据来说,它将无法收敛。针对线性不可分的训练样本,有研究者提出的最小均方误差(least mean square,LMS)算法,算法的核心思想是最小化输出误差的平方和,从而得到最优近似解。算法采用梯度下降的搜索策略,迭代地沿误差梯度的反方向更新网络连接的权值,直至收敛到稳定状态。LMS算法推广到由非线性可微神经元组成的多层前馈神经网络的思想,基于同样思想的误差反向传播(error back propagation,BP)算法,是目前应用最为广泛、最具代表性的神经网络学习算法。除了前馈神经网络模型,径向基函数(radical basis function,RBF)神经网络、递归神经网络、卷积神经网络等大部分神经网络模型也可以采用BP算法进行训练。

尽管BP算法具有强大的学习和表征能力及广泛的适用性,但标准的BP算法也存在着许多缺陷和不足。首先,由于算法的学习能力过于强大,其在网络训练中会出现"过拟合"现象;其次,算法有一定概率陷入局部极小,无法收敛于全局最优解;此外,因为算法的收敛速度受到学习率、初始条件等多个因素的影响,收敛速度较慢。除了BP算法外,还有诸多针对特定网络模型的算法。有代表性的算法包括自组织映射(self organizing map,SOM)算法、自适应谐振理论(adaptive resonance theory,ART)网络学习算法和训练受限玻尔兹曼机的CD算法等。

(四)聚类分析算法

按照算法的基本思想,聚类分析算法主要分为层次聚类、基于划分的聚类、基于密度的聚类和基于网格的聚类。层次聚类算法的基本思想是逐层将数据分组,形成一个层级式的树状图结构的聚类结果。根据构造方式的不同,层次聚类可分为两大类:聚合层次聚类和分解层次聚类。聚合层次聚类采用自底向上的方式,初始时将每个个体看作一类,再逐层合并这些类;分解层次聚类则采用自顶向下的方式,初始时将所有个体看作一类,再逐层分割这些类。

基于划分的聚类算法首先需要指定一个聚类数目,算法通过迭代来逐步优化一个目标函数,最终得到指定数目的结果簇。K-means算法是典型的基于划分的聚类算法。算法用每个类别中全部数据的均值,即聚类中心来表示这个类。算法从k个随机的聚类中心开始,迭代地将距离聚类中心最近的点划分为一类,直至聚类中心点达到收敛。该算法简洁、高效,时间和空间复杂度低,因而在聚类分析中有着十分广泛的应用。然而,K-means算法存在许多不足。例如,K-means算法只能处理数值型的数据,且算法对非标准正态分布和非均匀样本集的聚类效果较差;算法对初始值的设置很敏感,初始聚类中心将对聚类结果产生很大影响;此外,算法对异常值数据和离群点很敏感。

基于密度的聚类算法将具有一定稠密程度的数据划分为一个簇,因而能够处理任意形状的聚类,并有效排除稀疏的异常点。DBSCAN算法是经典的基于密度的聚类算法。DBSCAN算法从任意未标记点出发,将密度相连的最大点集作为一个簇,并用同样的方法得到所有的聚类结果。DBSCAN 算法不需要指定类别个数，就能够处理任意形状的数据，并对异常点不敏感。不过，由于 DBSCAN 使用全局密度阈值，若簇的密度分布不均匀，那么算法会将密度低于阈值的簇全部视为异常点。对此，有学者提出了 OPTICS 算法，将邻域点按照密度大小排序，并用可视化的方法来寻找不同密度的聚类。有学者提出的 SNN 算法，用每对点间共享邻域的范围代替 DBSCAN 算法中的密度，实现对不同密度簇的聚类。

基于网格的聚类算法将数据空间划分为有限数目的网络单元，计算映射到每个单元中的数据密度，并将相邻的稠密单元合并成聚类结果。这类算法的计算时间与数据的数目和输入顺序无关，并且能够聚类各种形状的数据。不过，由于聚类的精度取决于划分的网格单元数，算法聚类质量的提高是以牺牲时间为代价的。典型的基于网格的聚类算法是 STING 算法。算法针对不同级别的分辨率，将数据空间划分为多个层次的矩形单元，其中高层单元被划分为多个底层单元，每个单元属性的统计信息被预先计算和存储，以便执行查询操作。算法由某一层次的单元开始，逐层向下查询满足约束条件的单元，得到的查询结果等价于聚类结果。STING 算法便于实现并行和增量式更新，并且具有很高的执行效率。不过，算法只能得到边界竖直或水平的聚类，聚类结果的准确性欠佳。STING+ 算法是对 STING 算法的改进，用于处理动态进化的空间数据。CLIQUE 算法将基于密度的聚类思想与基于网格的聚类思想结合起来，因而既能聚类任意形状的簇，又能处理高维数据。CLIQUE 算法的缺点是聚类结果对于密度阈值敏感，有可能受到噪声点的影响，且算法效率不高。算法对网格数据结构进行小波变换，并将变换后的空间中的高密度区域识别为簇。该算法效率高，不但能处理高维数据，而且能够有效处理噪声点。

第五章 电力能源大数据应用

第一节 电力大数据概述

电力大数据是大数据理念、技术和方法在电力行业的应用。随着能源互联网概念的提出和智能电网的建设应用，涉及发电、输电、配电、用电、调度等各环节的电力数据呈现快速增长的趋势，目前已呈现数据量大、处理速度快、数据类型多、价值大、精确度高的大数据特征。

一、电力大数据概念

（一）电力大数据定义

电力大数据主要来源于电力生产和电能使用的发电、输电、变电、配电、用电和调度各个环节，可大致分为三类：一是电力生产运行数据；二是电力企业运营数据；三是电力企业经营管理数据。对于电网而言，通过采集整个电力系统的运行数据，再对采集的电力大数据进行系统的处理和分析，可以实现对电网的实时监控。进一步，结合大数据分析与电力系统模型，可以对电网运行进行诊断、优化和预测，为电网安全、可靠、经济、高效运行提供有效保障。

相对于大数据的技术定义，电力大数据则是一个更为广义的概念，并没有一个严格的标准限定多大规模的数据集合才是电力大数据。作为重要的基础设施信息，电力大数据的变化态势从某种程度上决定了整个国民经济的发展走向。如果将电力数据单独割裂来看，则电力大数据的价值无从体现。传统的 BI（ Business Intelligence，商业智能 ）分析关注于单个领域或主题的数据，这造成了各类数据之间强烈的隔断。而大数据分析是一种总体视角的改变，是一种综合关联性分析，发现具有潜在联系之间的相关性。注重相关性和关联性，并不仅仅囿于行业内的因果关系，这也是电力大数据应用与传统数据仓库和 BI 技术的关键区别之一。

电力大数据是能源变革中电力工业技术革新的必然过程，而不是简单的技术范畴。电力大数据不仅仅是技术进步，更是涉及整个电力系统在大数据时代下发展理念、管理体制和技术路线等方面的重大变革，是下一代智能化电力系统在大数据时代下价值形态的跃升。重塑电力核心价值和转变电力发展方式是电力大数据的两条核心主线。

中国电力工业长期秉承"以计划为驱动、以电力生产为中心"的价值观念，重视企业价值和客户价值的实现，却在一定程度上忽视了社会效益，双向互动的缺乏，导致电力供需的单方向传递，使得社会资源对电力工业的反馈促进很难实现，这是电力企业在社会主义市场经济条件下提升核心竞争力的最大挑战。

大数据核心价值之一就是个性化的商业未来，是对人的终极关怀。电力大数据通过对市场个性化需求和企业自身良性发展需求的挖掘和满足，重塑中国电力工业核心价值，驱动电力企业从"以人为本"的高度重新审视自己的核心价值，由"以电力生产为中心"向"以客户为中心"转变，并将其最终落脚在"更好地服务于全社会"这一根本任务上。

人类社会经过工业革命200多年来的迅猛发展，能源和资源的快速消耗以及全球气候变化已经上升为影响全人类发展的首要问题。传统投资驱动、经验驱动的快速粗放型发展模式，已面临越来越大的社会问题，亟待转型。

电力大数据通过对电力系统生产运行方式的优化、对间歇式可再生能源的消纳以及对全社会节能减排观念的引导，能够推动中国电力工业由高耗能、高排放、低效率的粗放发展方式向低耗能、低排放、高效率的绿色发展方式转变。同时，通过电力大数据与宏观经济、人民生活、社会保障、道路交通等外部数据的融合，可为社会各个角色提供智能化的服务，支撑国家大众创业、万众创新的生态环境，促进经济社会发展。

（二）电力大数据特征

电力大数据的特征可概括为5V，即规模（Volume）、多样（Variety）、快速（Velocity）、价值（Value）和真实（Veracity）。

1. 规模

随着电力企业信息化快速建设和智能电力系统的全面建成，电力数据的增长速度将远远超出电力企业的预期。以发电侧为例，电力生产自动化控制程度的提高，对诸如压力、流量和温度等指标的监测精度、频度和准确度的要求将会更高，对海量数据采集处理也提出了更高的要求。就用电侧而言，一次采集频度的提升就会带来数据体量的指数级变化。不断增多的音视频等非结构化数据在电力数据中的占比将进一步加大。此外，电力大数据应用过程中还存在着对行业内外能源数据、天气数据等多类型数据的大量关联分析需求，而这些都直接导致了电力数据类型的增加，极大地增加了电力大数据的复杂度。

2. 多样

电力大数据涉及多种类型的数据，包括结构化数据、半结构化数据和非结构化数据。随着电力行业中音视频应用的不断增多，音视频等非结构化数据在电力数据中的占比将进一步加大。

3. 快速

快速主要指对电力数据采集、处理、分析的速度。鉴于电力系统中业务对处理时限的要求较高，以"1s"为目标的实时处理是电力大数据的重要特征，这也是电力大数据与传统事后处理型的商业智能、数据挖掘间的最大区别。

4. 价值

随着电力大数据的快速增长，基于电力大数据的分析挖掘技术也已成功应用，电力大数据的商业价值也逐渐显现。在电力行业内部，通过跨专业、跨单位、跨部门的电力数据融合，提升行业、企业管理水平和经济效益。

5. 真实

一方面，对于虚拟网络环境下大量的数据需要采取措施确保其真实性、客观性，这是大数据技术与电力业务发展的迫切需求；另一方面，通过大数据分析，真实地还原和预测事物的本来面目也是电力大数据未来发展的趋势。

二、电力大数据与智能电网的关系

智能电网是以物理电网为基础，将现代先进的传感测量技术、通信技术、信息技术、计算机技术和控制技术与物理电网高度集成而形成的新型电网。它涵盖发电、输电、变电、配电、用电和调度等各个环节，对电力市场中各利益方的需求和功能进行协调，在保证系统各部分高效运行、降低运营成本和对环境影响的同时，尽可能提高系统的可靠性、自愈性和稳定性。随着智能电网的发展，电网在电力系统运行、设备状态监测、用电信息采集、营销业务系统等各个方面产生和沉淀了大量数据，因此，充分挖掘这些数据的价值具有重要的意义。

智能电网是大数据的重要技术应用领域之一。智能电网大数据结构复杂、种类繁多，具有分散性、多样性和复杂性等特征，这些特征给大数据处理带来极大的挑战。智能电网大数据是大数据挖掘的基础，通过智能电网大数据可实现智能电网全数据共享，为业务应用开发和运行提供支撑。

三、电力大数据与大数据技术的关系

电力大数据应用是基于电力大数据，运用先进的大数据相关思维、工具、方法，贯穿于电力的发、输、变、配、用等各个环节，使电力系统、电力产品具备描述、诊断、预测、决策、控制等智能化功能模式和结果。当电力行业数据累积到一定量级，并超出了传统技术的处理能力，就需要借助大数据技术和方法来提升能力和效率，大数据技术为电力大数据提供了技术和管理的支撑。

电力大数据可以借鉴大数据的分析流程及技术，实现电力数据的采集、处理、存储、分析、可视化。例如，大数据技术应用在电力大数据的集成与存储环节，支撑实现高实时性采集、大数据量存储及快速检索；大数据处理技术的分布式高性能计算能力，为海量数据的查询检索、算法处理提供性能保障；等等。此外，电力生产过程中需要高质量的电力大数据，可以借鉴大数据的治理机制对电力数据资产进行有效治理。

虽然电力大数据以大数据技术为基础，但是在环节和应用上与传统大数据（互联网大数据）存在一定的区别，见表5-1。

表5–1　电力大数据与互联网大数据的区别

环节和应用	互联网大数据	电力大数据
采集	通过交互渠道（如门户网站、购物网站、社区论坛）采集交易、偏好、浏览习惯等数据；对数据采集的时效性要求不高	通过传感器与感知技术，采集物联设备、生产经营过程业务数据和外部互联网数据等；对数据采集具有很高的实时性要求
处理	数据清洗、转换、规约，去除大量无关、不重要的数据	强调数据格式的转化；数据信噪比低，要求数据具有真实性、完整性和可靠性，更加关注处理后的数据质量
存储	数据之间关联性不大，存储自由	数据关联性很强，存储复杂
分析	利用通用的大数据分析算法；进行相关性分析；对分析结果要求效率，不要绝对精确	数据建模、分析更加复杂；需要专业领域的算法，不同行业、不同领域的算法差异很大；对分析结果的精度和可靠度要求高
可视化	数据结果展示可视化	数据分析结果可视化及3D场景可视化；对数据可视化要求强实时性，实现近乎实时的预警和趋势可视化
闭环反馈控制	一般不需要闭环反馈	强调闭环性，实现过程调整和自动化控制

四、电力大数据与云计算、物联网、移动互联网的关系

"大云物移"是大数据、云计算、物联网、移动互联等新一代信息化技术手段的简称，与传统技术相比，具有泛在、柔性、智能、互动、安全等特征，能够显著提升信息通信基础软硬件资源共享、按需分配能力；提升海量数据实时采集处理、在线计算和分析挖掘能力，业务创新驱动作用发挥得十分明显。

其中，大数据实现实时计算、存储，以及跨专业、跨类型的数据关联分析，发现潜在价值；云计算实现信息化资源共享、按需分配，提高资源利用率，降低成本；物联网实现人、设备、数据实时双向互联，提高设备全方位、全生命周期的实时管理水平；移动互联实现生产作业和客户服务随时、随地使用信息系统，提高人与电网双向互动水平。大数据是核心，云计算、物联网是基础，移动互联是交互手段。"大云物移"新型技术可引领业务创新，提高服务协同的监控指挥水平，促进各专业之间、专业与客户之间的高效沟通，进一步支撑服务协同体系的构建。

五、电力大数据与信息化管理、数据资产管理的关系

数据管理是指利用信息技术对数据进行生产、传输、存储、流转、处理、应用和销毁的全过程，其核心是数据的组织，其目的是服务于企业高效运转和分析决策。

（一）数据管理的主要内容

电力大数据时代，数据仍然是最关键的，如何将大数据管理好，是对企业的考验，其主要内容包括 7 大类、21 项工作。

1. 数据架构和标准管理

数据架构和标准管理主要包括数据模型管理、主数据管理、数据标准管理等 3 项工作。该部分内容主要由信息管理部门引领，相关业务部门配合协同开展。

2. 数据建设和运行管理

数据建设和运行管理主要包括数据库设计管理、数据字典管理、数据集成共享管理、数据链路监控管理、数据平台管理等 5 项工作。该部分内容主要由信息管理部门引领，相关业务部门配合协同开展。

3. 数据资产管理

数据资产管理主要包括数据资产形成管理、数据资产运维管理、数据资产价值管理等 3 项工作。该部分内容主要由运营监控相关管理部门引领开展。

4. 数据应用管理

数据应用管理主要包括数据集成应用管理、数据分析应用管理两项工作。集成应用管理主要由信息管理部门引领，相关业务部门配合协同开展；数据分析应用管理和大数据挖掘方面由各部门共同协力开展。

5. 数据维护管理

数据维护管理主要包括数据准确性管理、数据及时性管理、数据完整性管理等 3 项工作。该部分内容处理与数据维护主要由相关业务部门引领，信息管理部门配合开展；分析域数据维护主要由信息管理部门引领，相关业务部门配合协同开展。

6. 数据质量管理

数据质量管理主要包括数据质量管控、跟踪数据质量评价与考核两项工作。对该部分内容信息管理部门及运营监控相关部门均可开展相关工作。

7. 数据安全管理

数据安全管理主要包括数据安全管理体系建设、数据安全技防体系建设、数据安全评价与考核等 3 项工作。该部分内容主要由信息管理部门引领，相关业务部门配合协同开展。

（二）与信息化管理的关系

数据管理是信息化管理的核心内容和有机组成部分，贯穿信息化建设全过程，相互之

间密不可分。

（1）数据伴随业务活动产生，数据反映的也是业务，二者相互促进。业务流程的贯通能够促进数据质量的提升和共享利用，为大数据分析奠定基础，数据的综合利用又能促进信息化管理提升和业务创新，两者相辅相成、相互促进。

（2）信息系统以实现和提升业务为目标，是数据产生、存储、处理和应用的载体。信息化管理的规划设计、研发实施、运行维护以及安全保障均以数据为核心对象，在架构设计、可研报告、需求和设计报告中均包含与数据相关的内容。以数据分析应用为目标建立的信息系统，能够更加有针对性地发挥数据的价值，更好地指导业务应用。

（3）信息化管理的本质是数据管理，管理信息化必须管理业务架构和数据架构。数据是信息化的核心内容，是衔接业务和信息化的桥梁。数据的组织依托信息化架构进行设计，并且通过信息化建设予以支持。

（三）与数据资产管理的关系

数据资产管理不等同于数据管理，前者是后者的重要组成部分。对信息系统中已产生并存储的数据进行资产化和价值挖掘的过程，其核心内容是数据的资产价值，其目的是实现数据增值变现，服务于分析决策。数据资产管理的重点业务是组织开展数据分析挖掘，体现数据资产价值。

六、电网企业大数据应用趋势

（一）提升通信新技术支撑能力

对于电网企业来说，通过广泛应用以大数据为代表的信息通信新技术，可以全面提升信息平台承载能力和业务应用水平，将信息化融入电网生产与管理的全业务、全流程之中，实现全业务数据资产的集中管理、充分共享、信息服务按需获取，支撑电网创新发展和运营管理的高效协同。

1. 建设电力云平台

通过全面构建电力云平台在生产控制、经营管理和公共服务三个领域形成电力云计算和应用服务体系，为生产控制、经营管理和公共服务等领域各类大数据业务提供平台基础。首先，着力于构建和完善基于私有云技术的、具备电网企业大数据处理能力需求的企业私有云基础环境，汇集全量数据并具备常用电力大数据计算分析能力，完成基础平台的搭建，为企业未来信息化提供一个统一基础技术支撑平台；其次，是需要部署大数据技术组件，形成数据采集存储、加工处理和计算分析等全流程大数据服务能力，配备完善的应用集成、身份权限、空间地理等基础服务组件，为业务应用提供统一的公共基础服务；最后，是建成统一的企业云服务体系，面向企业全业务、全过程提供信息服务支持。

2. 构建智慧能源互联网络

通过构建智慧能源互联网络，努力提高信息网络承载能力，规范智能终端接入标准，实现终端移动互联接入，全面提升智能电网信息感知能力和业务互动化水平。开展内外网互联互通及电力无线专网方面的示范应用，主要包括 IPv6 网络、物联网、无线通信和卫星通信等广泛互联应用的研究及设计，突破以应用多种新能源并网、保护及采集装置柔性协同通信接入技术为代表的技术壁垒。

3. 提升企业级数据管理能力

通过构建企业级大数据平台，融合内部经营管理、电网实时运行、用户用电信息和外部数据，提供统一的数据集中共享服务，进行企业数据资产价值挖掘。建成全业务统一数据中心，汇集包含业务数据、量测数据及外部数据等的企业全部数据，实现数据充分共享，为大数据分析应用提供统一的数据支撑。构建统一的数据分析引擎，实现数据标签化，为各类微应用提供涵盖内存计算、海量计算及流计算的高效便捷数据服务能力；制定企业数据资产统一管理机制，满足企业数据模型动态管控和数据资产全过程管理的数据统一管理信息化要求；明确数据同源和业务融合的数据治理目标，持续开展数据治理，提升企业数据资源质量。

4. 建设新一代信息安全智能防御体系

通过建设新一代信息安全智能防御体系，强化可信互动、通信传输和工业控制三类安全防护，保障智能电网创新发展。首先，开展智能电网环境下的安全防护关键技术研究与试点应用，重点是电网信息安全态势感知和智能预警等关键技术的研究和应用。通过对大数据的深度过滤、分析，从海量异构安全日志中过滤出最有价值的安全信息，有效融合安全事件；研究大数据支撑的电网工控系统安全风险预警的关键技术，通过安全事件大数据关联分析，实时构建攻击图，通过攻击路径预测实现风险预警；挖掘和分析网络安全事件关联关系，研究安全态势预测技术，通过特征提取、识别和发现信息系统中各种异常现象和攻击类型，及时发现潜在的攻击和智能预警，准确评估信息系统安全状态，感知整个网络的安全态势。其次，是建设电网信息安全动态防御系统，尝试开展基于"互联网+"的信息安全防护能力提升的示范应用。主要包括基于大数据的电网信息系统安全态势感知、智能预警和动态防御关键技术研究与试点应用示范，基于多源异构大数据检测和智能分析的电网工控系统安全防护体系建设与应用示范，通过示范工程持续提升信息安全防护能力。

5. 信息运维保障

强化信息通信运维管理，实现信息通信一体化运维，提高运维自动化水平和实时监控预警能力。首先，研究基于电力云平台的软硬件资源负荷预测、资源调度自动化、实时监控和预警等关键技术，提升电力云平台的利用效率和平台管理能力；建设研究信息通信系统与设备状态评价模型，基于大数据开展信息通信系统、设备、应用状态的全面量测，在线采集，实现信息通信运行诊断及主动预警；建设信息通信移动运维平台，开展信息通信自动巡检，提高信息通信的运维效率；开展信息通信智能化支撑配套的管理标准、技术标准和工作标准梳理及编制，形成信息通信智能化管理体系。其次，提高运维系统对其所监控、维护的信息通信设备的适用性。根据历史故障数据及实际故障分析，完善信息通信运维知识库，改进知识库自主学习能力；完善信息通信运行诊断应用、自动巡检应用、自动化作业应用、移动运维平台及终端应用；适应智能电网发展要求，实现信息通信运维作业与电网运维作业贯通，推广应用信息通信智能化运维。

（二）推动电力大数据多元创新应用

推动电力大数据多元创新应用，主要在电力生产、电力营销和优质服务三个领域展开。

1. 电力生产领域

电力生产部门可综合利用相关数据进行辅助电网规划、电网安全性检测评估创新应用。

（1）在电力负荷预测方面，综合利用用户用电量、公司发电量、负荷数据等信息及国家宏观政策等数据，探索建立多元性回归灰色预测等短期预测模型，以及趋势平均预测、二次指数预测等中长期预测模型，实现对未来电力需求量、用电量、负荷曲线、负荷时间和空间分布等的预测，为电网规划和运行提供决策支撑。

（2）在输电线路风险识别方面，综合利用线路在线监测系统图像数据、线路台账等信息，尝试建立多媒体数据分类与预测模型、关联分析模型，实现输变电的安全分析及预警，加强安全生产及安全保障，避免事故发生，减少因事故而产生的直接经济损失。

（3）在电网设备状态监测方面，应用电网设备信息、运行信息、环境信息（气象等）及历史故障和缺陷信息，开展关联因素分析，建立状态预警模型和设备浴盆曲线，对不同种类、不同运行年限的设备在一定关联因素影响下的状态进行预警和故障预测；同时，依据交通、市政等外部信息（如工程施工、季节特点、树木生长、工程 GPS 等），关联电网设备及线路 GPS 坐标，对电网外力破坏故障进行预警分析。

（4）在电网运行态势评估与自适应控制方面，综合利用大电网响应信息的时空关联特性及运动惯性特征，尝试建立动态追踪运行轨迹的自适应广域协调防控模型及鲁棒优化算法模型，开展电网自动控制运行状态研究，实现电网在线评估、实时防控。

（5）在继电保护设备评价和管理方面，综合利用智能变电站机电设备保护检测、异常、动作、告警等信息，实施可靠性评估、继电保护的动作状态及动作行为远程监控，自动分析和评价继电保护动作逻辑及动作结果，实现对保护设备状态的判别，提升智能变电站继电保护设备的运行状态水平与寿命预警效率。

2. 电力营销领域

电力营销部门可利用电力数据分析电价、检测用户用电行为、评估用户信用级别进行相应评估。

（1）在政策性电价和清洁能源补贴执行效果评估方面，基于用电信息、电费信息、用户负荷等数据，探索开展阶梯电价执行效果评估、峰谷电价执行效果评估、采暖电价执行效果评估、清洁能源补贴执行效果评估、政策性电价相互影响关系评估等，为相关政策的制定提供支撑。

（2）在电网线损与窃电预警方面，综合利用营销应用、工程生产管理系统（PMS）、数据采集与监控系统（SCADA）、电能量采集系统、用电信息采集系统、电网地理信息采集系统（GIS）等数据，尝试建立电网能量节点基础数据管理模型和全网联络图智能拓扑分析模型，实施运检、营销、安监和调度等专业线损管理的业务联动和实时掌控，并提升反窃电预警能力。

（3）在量价费损分析方面，综合利用历史数据、跨平台在线计算和异动检测等海量数据，进行实时检测与分析，开展数据关联分析；及时发现相关异动，分析异动产生的原因，探索建立闭环协同处理问题机制，及时、准确地解决异常问题，提升线损管理、计量采集系统建设和配电网管理及营销管理水平。同时提供在线监测方法，完善企业经营体系，提高用户服务质量，提升企业核心竞争力。

（4）在用电行为分析方面，基于用户的用电数据，结合用户信息、地理信息、区域属性等数据，并综合考虑气象、经济、电价政策等多方面因素，尝试利用分类和聚类方法，对用户类型进行细分；探索建立不同区域、不同行业、不同类别用户的典型负荷模型库，分析各类影响因素与用户用电行为之间的关联关系及其影响机理，为城市和电网规划、需求侧管理、电价政策制定用电能效评估等提供支撑。

（5）在电动汽车充电设备负荷特征分析方面，基于电动汽车用户信息、居民信息、配电网数据、用电信息数据、地理信息系统数据、社会经济数据等，尝试利用大数据技术，预测电动汽车的短、中、长期保有量、发展规模和趋势、电量需求和最大负荷等情况。参照交通密度、用户方式、充电方式偏好等因素，依据城市与交通规划和输电网规划，探索建立电动汽车充电设施规划模型和后评估模型，为电动汽车充电设施的部署方案制定，以及建设后期的效能评估提供依据。

3. 优质服务领域

优质服务主要面向一般用户，为用户提供相关的服务。

（1）在营业厅用户服务行为分析方面，基于营销业务数据和营业厅视频监控数据，利用流处理分布式存储和计算、数据关联分析等技术，尝试开展营业厅业务量、客流量和用户服务行为关联分析，建立分析模型和动态监测模型，支撑营业厅资源合理调配和客服人员离岗稽查，实现营业厅异动和问题动态监测及自动预警，提升用户服务质量。

（2）在"95598"用户报修服务提升方面，基于用户故障报修请求提供的电话、用户编号、地址、地理位置等信息，探索开展集体用户定位并在电网 GIS 地图中定位展示：依托计划停电、临时停电、故障停电、欠费停电、违约用电等停电范围、影响用户等信息，判断用户报修是否属于已知的停电范围；应用方面，可根据故障报修定位信息及抢修班组责任范围，尝试由客服中心直接派发抢修工单至用户所在区域供电所（抢修班组）等管理方式，提高报修工单流转速度。

（3）在缴费渠道优化与服务引导方面，综合利用电力及社会化缴费网点、用户地理位置信息及用电用户缴费等信息，按区域、时段、用户类型等多个维度进行可视化展示，尝试分析缴费网点地域覆盖程度、缴费网点业务饱和程度、用户缴费习惯、用户平均缴费成本等，评估现有缴费渠道布设的合理性，辅助缴费网点布设规划，制定和实施用户缴费行为引导策略；同时，可以应用基于地理位置的缴费渠道网点信息，支持使用"95598"电话咨询业务，向用户推荐最优的缴费方式或网点信息，服务用户便利缴费。

（4）在用电信息征信体系服务方面，基于用户基本信息、长期的用电记录、缴费情况、缴费能力等数据，尝试对各类数据进行统计和分析，建立用户信用评级指标和标准，进行用户信用评价，并分析用户信用变化趋势和潜在风险。同时，利用类似的方法，基于电力用户基本信息、用电情况、利润贡献、设备装备水平等数据，探索建立用户价值评价等级指标和评分标准，综合考虑企业信用等级和经营情况，实现对用户价值等级的评估。

（5）在业扩报装辅助分析方面，探索综合利用用电信息采集系统各维度的负荷和电量统计数据，结合营销业务系统销户、报停和减容业务流程，以及PMS的电网模型和SCADA的厂站与线路负荷信息，评估新增供电所在的线路、厂站的负荷和电量变化趋势、负荷特征，以及供电质量是否满足用户用电的需求，为制定用户业扩供电方案提供辅助解决方案，为加快业扩报装的速度和提高供电服务水平提供技术支撑，提高用电营销管理精益化水平。

（6）在政府辅助决策支持方面，可基于地区、行业、企业、居民用电等信息，开展与商家、补贴、能耗指标等的关联分析，协助政府和社会了解和预测区域及行业发展状况、用能状况、各种政策措施的执行效果，为政府就产业调整、经济调控等做出合理决策提供依据。此外，利用用户用电数据、电动汽车充电站放电数据，以及包含新能源和分布式能源在内的发电数据，也可为政府优化城市规划、发展智慧城市、合理部署电动汽车充电设施提供重要依据。

第二节　局部放电相位分析在大数据中的应用

一、大数据环境下自建 Hadoop 存储系统的局限性

Hadoop 大数据处理技术凭借其高可靠性和优越的并行数据处理能力越来越受到学术界和企业界的重视。但是在一些领域的应用研究中，还是暴露出一些局限性。在使用和研究 Hadoop 的过程中遇到的以及相关文献中查阅到的 Hadoop 使用问题和技术挑战总结如下：

（一）硬件限制

相关文献很多采用了自建的 Hadoop 平台，服务器集群硬件需要自行采购、搭建和维护。因受资金限制，CPU 数量、存储容量有限，数据处理规模相对较小。

（二）数据可靠性

虽然 Hadoop 默认采用三副本策略进行数据备份，但自建系统规模较小，所有服务器均在同一个机架下，可靠性大打折扣。

（三）服务可用性

自建的 Hadoop 平台大都构建在局域网内，且没有进行 Web service 的封装，因此不能通过 Internet 进行访问。由于缺乏专业人员维护或者系统维护成本过高，停电、服务器宕机、硬盘故障、交换机宕机等各类硬件故障都会导致系统不可用。

（四）系统维护

Hadoop 分布式的计算模型对数据分析人员提出了较高的要求，维护难度高。使用分布式模型，数据分析人员不仅需要了解业务需求，还需要熟悉底层计算模型。

（五）并行程序框架限制

Hadoop 的 MapReduce 模型要求每一轮 MapReduce 操作之后，数据必须落地到分布式文件系统上（比如 HDFS 或者 HBase）。而一般的 MapReduce 应用通常由多个 MapReduce 作业共同组成，每个作业结束之后需要写入磁盘，接下去的 Map 任务很多情况下只是读一遍数据，为后续的 Shuffle 阶段做准备，这样其实造成了冗余的 I/O 操作，导致性能下降。

（六）成本

自建 Hadoop 平台前期投入巨大，需要自行购买大量硬件。在一个阶段的研究之后，设备往往被闲置，投入产出比较低。

总而言之，构建数据密集型的电力大数据应用系统，需要协调大量计算，存储资源将大范围、多尺度、全方位的监测数据接入、保存，并使系统长时间保持安全可靠的运行状态，以支持各类大数据分析。自建 Hadoop 平台不易满足这些功能需求。

二、大数据计算服务的存储模式和并行计算模型

大数据计算服务（MaxCompute），面向海量的结构化数据，提供数据存储和并行计算的功能。以 HDFS 文件方式或者 HBase 表方式存储的结构化的电力设备监测数据，如连续采样的波形信号数据，均可以使用大数据计算服务实现数据存储和并行计算。大数据计算服务以按需租用的方式，将用户从硬件采购、组网、平台搭建、系统软硬件维护中解脱出来，将存储资源、计算资源以 Web Service 的方式封装，并对外售卖，使用户可以专心于构建系统的业务逻辑。下面主要研究基于大数据计算服务的电力设备监测大数据的存储方法。

（一）大数据计算服务

大数据计算服务是阿里云提供的 PB 级海量数据处理平台，主要服务于批量结构化数据的分布式存储和并行计算，可以提供海量数据仓库的解决方案以及针对大数据的分析建模服务。MaxCompute 目前已经在阿里巴巴集团内部得到大规模应用，包括大型互联网企业的数据仓库和 BI 分析、网站的日志分析、电子商务网站的交易分析、用户特征和兴趣挖掘等。

大数据计算服务提供了数据上传下载通道、SQL 及 MapReduce 等多种计算分析服务，并且提供了完善的安全解决方案。

数据通道用于提供高并发的离线数据上传下载服务；大数据计算服务提供了 SQL、MapReduce、图计算（Graph）、流计算（Stream）等多种计算模式；大数据计算服务提供了功能强大的安全服务，包括 ACL、项目空间数据保护等；在开发方面，提供了 Rest API、SDK 以及多种客户端工具和插件。

在并行编程模型方面，大数据计算服务的计算调度逻辑支持更复杂的编程模型——扩展的 MapReduce 模型（MR2）。传统的 MapReduce 模型要求每一轮 MapReduce 操作之后，数据必须落地到分布式文件系统上（比如 HDFS 或 MaxCompute 表）。一个计算任务通常由多个 MapReduce 作业组成，每个作业结束之后需要写入磁盘，接下去的 Map 任务很多情况下只是读一遍数据，为后续的 Shuffle 阶段做准备，这样其实造成了冗余的 I/O 操作。MR2 可以在 Reduce 后面直接执行下一次的 Reduce 操作，而不需要中间插入一个 Map 操作。可以支持 Map 后连接任意多个 Reduce 操作，比如，MR2 相对于 Hadoop MapReduce 能够更快地完成多任务串联的计算。

在应用场景方面，大数据计算服务主要适合于海量结构化数据的批量计算和对实时性要求不高的应用场景。因此，大数据计算服务也适合用于存储和批量处理电力设备监测中的海量结构化的数据。比如，适用于快速分析波形信号数据。MaxCompute2.0 已经可以存储和处理非结构化数据，如图片、视频等。

MaxCompute 和 Hadoop 具有很多相似性。比如：都是用于历史数据存储，提供了 MapReduce 并行程序框架用于历史数据的并行批量计算，上层均提供了类 SQL 的访问分析接口等，对于很多应用场景，两者可以相互替代。不过，MaxCompute 也有许多新的特性，使其在一些方面优于 Hadoop。比如，扩展 MapReduce 模型 MR2。Hadoop Chain Mappper/Reducer 也支持类似的串行化 Map 或 Reduce 操作，但和大数据计算服务的 MR2 模型有本质的区别。Chain Mapper/Reducer 还是基于传统的 MapReduce 模型，只是可以在原有的 Mapper 或 Reducer 后面再增加一个或多个 Mapper 操作（不允许增加 Reducer）。这带来的好处是用户可以复用之前的 Mapper 业务逻辑，可以把一个 Map 或 Reduce 拆成多个 Mapper 阶段，但本质上并没有改变底层的调度和 I/O 模型。

另外，大数据计算服务的一个非常优秀的特性就是弹性伸缩的能力。在局部放电信号

PRPD 并行分析的研究中发现，在处理的数据量不断增长的情况下，处理的时间延迟几乎不变。这背后是弹性伸缩在起作用。通过大数据计算服务监测系统发现，大数据计算服务分配给计算任务的硬件资源（CPU 核心数、内存容量）与处理的数据规模成正比。这种优秀的性质是大多数自建 Hadoop 平台难以达到的。因此，本书在应用 Hadoop 技术的同时，也基于大数据计算服务开展了监测大数据的存储和处理的研究，并对两者的性能进行了对比分析。

（二）MaxCompute 表存储

表是 MaxCompute 的数据存储单元。它在逻辑上也是由行和列组成的二维结构，每行代表一条记录，每列表示相同数据类型的一个字段，一条记录可以包含一个或多个列，各个列的名称和类型构成这张表的 Schemao。MaxCompute 的表格分为两种类型：外部表及内部表。

对于内部表，所有的数据都被存储在 MaxCompute 中。表中的列可以是 MaxCompute 支持的任意种数据类型（Bigint、Double、String、Boolean、Datetime）。MaxCompute 中的各种不同类型计算任务的操作对象（输入、输出）都是表。用户可以创建表、删除表以及向表中导入数据。

对于外部表，MaxCompute 并不真正持有数据，表格的数据可以存放在 OSS 中。MaxCompute 仅会记录表格的 Meta 信息。用户可以通过 MaxCompute 的外部表机制处理 OSS ± 的非结构化数据，如视频、音频、基因、气象、地理信息等。处理流程如下：

（1）将数据上传至 OSS。

（2）在 RAM 产品中授予 MaxCompute 服务读取 OSS 数据的权限。

（3）自定义 Extractor：用于读取 OSS 上的特殊格式数据。目前，MaxCompute 默认提供 CSV 格式的 Extractor，并提供视频格式数据读取的代码样例。

（4）创建外部表。

（5）执行 SQL 作业分析数据。

目前，MaxCompute 仅支持读取外部表数据，即读取 OSS 数据，不支持向外部表写入数据。

由于 MaxCompute 表不支持索引，为了提升数据查询的速度，MaxCompute 提供了数据分区的机制，允许使用分区表。分区表指的是在创建表时指定分区空间，即指定表内的某几个字段作为分区列。在大多数情况下，使用者可以将分区类比为文件系统下的目录。MaxCompute 将分区列的每个值作为一个分区（目录）。用户可以指定多级分区，即将表的多个字段作为表的分区，分区之间正如多级目录的关系。在使用数据时如果指定了需要访问的分区名称，则只会读取相应的分区，避免全表扫描，以提高处理效率，降低费用。

（三）MaxCompute 的计算接口

MaxCompute 提供的计算接口主要包括 SQL 接口、MapReduce、Graph（图模型）、数据进出通道。

1.SQL 接口

MaxCompute SQL 适用于海量数据（TB 级别）和实时性要求不高的场合，它的每个作业的准备、提交等阶段要花费较长时间，因此，要求每秒处理几千至数万笔事务的业务是不能用 MaxCompute 完成的。MaxCompute SQL 采用的是类似于 SQL 的语法，可以看作标准 SQL 的子集，但不能因此简单地把 MaxCompute 等价成一个数据库，它在很多方面并不具备数据库的特征，如事务、主键约束、索引等。目前在 MaxCompute 中允许的最大 SQL 长度是 2MB。

MaxCompute SQL 提供了大量的系统函数，方便用户对任意行的一列或多列进行计算，输出任意种的数据类型。

2. 扩展的 MapReduce 编程模型

MaxCompute 提供了三个版本的 MapReduce 编程接口：

（1）MaxCompute MapReduce：MaxCompute 的原生接口，执行速度更快，开发更便捷，不暴露文件系统。

（2）MR2（扩展 MapReduce）：对 MaxCompute MapReduce 的扩展，支持更复杂的作业调度逻辑。Map/Reduce 的实现方式与 MaxCompute 原生接口一致。

（3）Hadoop 兼容版本：高度兼容 Hadoop MapReduce，与 MaxCompute 原生 M 即 Reduce MR2 不兼容。

三个版本在基本概念、作业提交、输入输出、资源使用等方面基本一致，不同的是 Java SDK 彼此各异。

MapReduce 最早是由 Google 提出的分布式数据处理模型，随后受到了业内的广泛关注，并被大量应用到各种商业场景中，如搜索、日志分析、生物计算等。

3. 图计算模型 Graph

MaxCompute Graph 是一套面向迭代的图计算处理框架。图计算作业使用图进行建模，图由点（Vertex）和边（Edge）组成，点和边包含权值（Value）。MaxCompute Graph 支持下述图片编辑操作：

（1）修改点或边的权值。

（2）增加 / 删除点。

（3）增加 / 删除边。

通过迭代对图进行编辑、演化，最终求解出结果，典型应用包括 PageRank、单源最短距离算法、K- 均值聚类算法等。用户可以使用 MaxCompute Graph 提供的接口 Java SDK 编写图计算程序。

MaxCompute GRAPH 能够处理的图必须是一个由点（Vertex）和边（Edge）组成的有向图。由于 MaxCompute 仅提供二维表的存储方式，因此需要自行将图数据分解为二维表格式存储在 MaxCompute 中，在进行图计算分析时，需要使用自定义的 Graph Loader 将二维表数据转换为 MaxCompute Graph 引擎中的点和边。

4. 数据进出通道

进出 MaxCompute 系统的途径可以分为两类，分别是 DataHub 实时数据通道和 Tunnel 批量数据通道。DataHub 和 Tunnel 各自都提供了 SDK，而基于这些 SDK 又衍生了许多用于数据上传下载的工具，满足用户各种场景下的数据上传下载需求。

数据上传下载的工具主要包括大数据开发套件、DTS、OGG 插件、Sqoop、Flume 插件、LogStash 插件、Flunted 插件、Kettle 插件以及 MaxCompute 客户端等。

第三节　电力生产大数据应用实践

随着电力企业信息化建设与应用不断深入，多套业务系统已经建成并成功应用，以调度、营销、配电网相关业务为例（包括 OMS、营销管理系统、生产管理系统、配电自动化系统、95598、用电信息采集系统、电网 GIS 系统等），产生了海量的电网设备台账以及电网运行、网架结构图形等数据，为电网大数据分析提供了丰富的数据宝藏。通过对采集的电力大数据进行系统的处理和分析，实现了对电网的实时监控；进一步结合大数据分析与电力系统模型对电网运行进行诊断、优化和预测，为电网实现安全、可靠、经济、高效的运行提供了保障。

一、电力负荷精准预测分析

国内外对负荷预测技术已经有较为全面的研究，传统方法主要包括基于统计的预测技术和基于智能算法的预测技术。第一类方法主要包含多元回归分析法、回归树法、随机森林、Bagging 及其各类方法的改进算法。这类方法往往仅从负荷数据的历史值出发，但是随着电网规模的增大，负荷的组成成分也变得日益复杂，使用基于统计的预测技术已经不能很好地刻画系统负荷的非线性复杂关系，且不能描述负荷与其影响因素的关系，这种情况限制了这类方法在实际的推广和应用。第二类方法主要包含支持向量机、人工神经网络及其改进算法。针对该类方法，主要有如下两个研究方向：一是针对智能算法本身对其进行改进；二是使用一种策略或者算法对原有的方法进行优化。

（一）基于用电大数据的短期负荷预测

长期以来，电力负荷的预测是电力系统十分关注的问题。随着电力市场的发展，负荷预测的重要性日益显现，并且对负荷预测精度的要求越来越高，这对负荷预测的准确性、实时性、可靠性及智能性都提出了更高的要求，加之电力能源的特殊性，使得电力负荷预测的难度增大，精准的电力负荷预测成为传统技术手段下的负荷管理难以企及的目标，迫切需要新方法的出现来解决现有问题。

1. 应用背景

对于电能计量数据的采集，以智能电表为核心的智能用采系统已经在各大电网公司正常运营，而基于大数据的负荷分析与预测，几乎一片空白。同时，电力负荷预测的重要性主要表现为：电能需求的规律直接关系到发电计划的安排，发电计划优化是整个电力系统经济运行的最基本的手段。小样本数据中难以发现负荷变化的准确规律。当然，在大数据下如何进行电力负荷预测，能有什么新的发现，还有待我们去挖掘和研究。

基于某电力公司用户历史负荷数据，采用大数据、云计算、数据挖掘等技术构建相应的负荷预测模型，然后在模型的基础上，根据历史负荷与气象预报实现单个用户的负荷预测。由于用户是最小用电单元，因此，是否可预测任意区域、自定义行业或指定条件的用户组合的负荷值，可预测小区域供电能力不足问题，并且基于用户数据的负荷预测更容易追溯预测偏差的原因并加以修正，最终使负荷预测的结果更加精确。

2. 实现设计

传统的网供负荷预测是基于历史网供负荷数据开展的，而基于大数据的网供负荷预测则从最基本的用户数据开始，逐一分析用户的用电特性并开展用户负荷预测，最终将全省用户的负荷预测数据累加，得到网供负荷预测结果。基于大数据的网供负荷预测方法较之传统方法，考虑了不同用户的用电特性，将网供负荷预测推向了宽广度、多维度、细粒度、高精度的应用高度。

（1）数据导入及预处理：从用采系统导入用户和网供负荷的历史数据、节假日数据，从天气数据接口导入历史天气数据和预测日的天气预报数据，对数据进行归一化和异常数据处理，建立气象数据和用电数据的对应关系。

（2）模型构建及调优：基于气象和负荷大数据，计算温度对负荷的影响率，建立温度负荷模型，并根据每日产生的气象和负荷实时数据，完成模型的自学习和调优。

（3）网供负荷预测：分为基于网供的负荷预测和基于用户的负荷预测两种方法。基于网供的负荷预测方法可直接根据网供负荷和气象数据的影响因素，进行负荷预测；而基于用户的预测方法需要建立用户负荷和当地气象数据的影响关系，进行用户负荷预测，再将用户预测数据累加成网供负荷的预测数据。

3. 分析方法

基于网供的负荷预测算法根据网供负荷自身的特性进行负荷预测，并不能充分考虑行业发展、地区温度等因素。

建立的分地区、行业负荷气象模型，以分行业负荷特性、分地区预测气象信息、节假日信息为输入，以及根据特殊社会事件和最近相似日实际负荷，开展分地区、行业的短期负荷预测，然后通过负荷占比模型和相似日负荷特性，将分地区、行业的短期负荷预测结果汇总成全省短期网供负荷预测。

与传统方法不同的是，基于大数据的短期负荷预测方法综合考虑了行业负荷特性、地区温度差异、特殊社会事件及政府政策的影响，考虑的因素更加细致。由于大数据方法是由分地区、行业负荷预测汇总而成的，因此，在误差分析方面可以追溯到具体的地区、行业，这更利于提高负荷预测的精确度。基于大数据的短期负荷预测方法具体实现思路如下：

（1）为考虑地市温度差异，建立地市历史负荷数据和地市气象数据的映射关系；在地市划分的基础上，考虑行业负荷特性，将地市负荷划分为分地区行业负荷。

（2）根据地市历史气象数据、行业负荷特性、行业经济状况、节假日信息等，建立所有地市的99个行业负荷气象模型。

（3）根据负荷气象模型计算全省所有地市99个行业的负荷影响率，结合分地区行业负荷占比模型和预测日气象预报信息，计算网供负荷的综合影响率。

（4）根据相似日网供负荷数据和网供负荷综合影响率得到预测日网供负荷预测结果。

（二）基于用电大数据的母线短期负荷预测

由于母线负荷与系统负荷既有联系也有区别，理清两者关系有助于更好地开展母线负荷预测工作，同时对母线负荷预测的一些相关领域的内容进行整理，能够方便对母线负荷预测开展深入的研究。

1.应用背景

母线负荷主要是指一个小范围区域内的供电负荷，这些负荷由该区域的主变压器提供。通常一个地区的母线负荷类型比较单一。系统负荷由母线负荷构成，它们之间存在一定的关联性，但是系统负荷和母线负荷又有区别，这主要表现在它们的构成、特性上。

（1）母线负荷的构成

母线负荷曲线与该母线供电区域内的用户类型有关。母线的供电范围小，与系统负荷相比，其负荷类型较为单一。在母线负荷中，负荷类型可被分为城市民用负荷、工业负荷、商业负荷、办公负荷、农村负荷等。

这些负荷类型不同，反映出的负荷曲线也不同。对于工业负荷，特别是冶金等重工业，其特点是用电量大、大部分不受天气状况影响，并且由于其生产工艺和生产班次等特点，负荷曲线较为稳定；而对于城市居民负荷，其负荷曲线与系统负荷相似，同时受天气影响较大，这反映了居民生活的作息规律。其他类型的负荷也有各自特点。

（2）母线负荷的特性

某些类型的母线负荷曲线与系统负荷曲线形状相似，如居民用电负荷，但是这些负荷曲线在数值上仍然与母线负荷有一些差异。首先，从负荷基数上看，系统负荷基数较大，而母线负荷基数较小；其次，母线负荷的变化大于系统负荷，这主要从负荷的变化率可以看出。

（3）母线负荷预测在能量管理系统中的作用

母线负荷预测与系统负荷预测在能量管理系统中的差别见表5-2。

表5-2　母线负荷预测与系统负荷预测的异同

比较项	母线负荷预测	系统负荷预测
预测对象	母线的下网负荷	地区的用电负荷
负荷属性	各变电站的具体负荷	各变电站的具体负荷总和
预测负荷	有功、无功	有功
预测目的	动态状态估计、安全稳定分析、无功优化、厂站局部控制等	发电计划、电网规划等
预测时间	短期	长期、中长期、短期、超短期
决定因素	用户用电负荷、电网运行方式、损耗、供电区域内小电源出力	用户用电负荷、损耗
在能量管理系统中的地位	网络分析	能量管理

在能量管理系统中，潮流计算、动态状态估计等需要用到母线负荷预测系统得出的结果，而系统负荷预测系统用于电厂制订发电计划，两套系统在电网的日常管理中相互配合，不可缺少。

母线和系统负荷预测系统共同组成了能量管理系统中的预测部分，它们的预测对象相同，都是电力负荷。尽管其预测的具体负荷类型不同，即分别为用电负荷和下网负荷，但是这两种系统有许多共性，同时保持着职能上的密切联系。

由于关注较早，系统负荷预测系统开发得较早，发展得也较为成熟，而对于母线负荷预测系统，虽然已经有一些商业化应用的模块，但是其效果仍然有待检验，母线负荷预测系统的开发正在为人们慢慢所重视。

2. 实现设计

由于母线负荷有相比系统负荷的区别和特点，因此，不能简单套用系统负荷预测的模型，需要在考虑其特点的基础上建立符合母线规律的综合模型。综合母线负荷预测的研究文献，可以将母线负荷预测的综合模型分为以下三个部分：

（1）数据的预处理。

（2）母线特性的分类。

（3）预测算法的实现。

其中预测算法是主要部分，而数据预处理和特性分类主要是起辅助作用，可在母线实测数据恶劣，且未知该地区母线分布情况的条件下使用，增强预测效果。

3. 分析方法

（1）母线负荷预测的传统方法

母线负荷预测主要有两类：

①基于系统负荷分配的预测方法。

②基于节点负荷自身变化规律的预测方法。

第一种方法的基本思路是首先对系统负荷进行预测，再将预测结果分配到每一条母线上，其难点是分配系数难以确定。第二种方法的分析方式与系统负荷预测相似，采集单条母线数据进行建模预测，在一定程度上可以借鉴系统负荷预测的方法。

在系统负荷中，已经有不少行之有效的方法，其中主要包括以下几种：

①时间序列方法。

②神经网络算法，如 BP 神经网络、改进的 BP 神经网络、RBF 神经网络等。

③机器学习算法，如支持向量机、相关向量机以及它们的改进算法。

④优化算法。优化算法不能直接用于预测，但是可以改进以上三种方法的预测精度，同时可以起到加速建模的作用，采用的方法如遗传算法、粒子群算法等。

（2）基于大数据的母线负荷预测方法

传统的母线负荷预测算法沿用系统负荷预测的思路，区别仅仅在于历史数据采用的是母线负荷数据。其思路如下：

①筛选历史母线负荷数据和历史气象数据作为训练输入集，筛选与预测日气象条件、运行环境类似的历史母线负荷数据作为训练输出集，利用训练集的预测值和实际值校验模型的参数，直到训练集的预测值和实际值的差别达到算法的预设条件，才得到了最优的预测算法模型。

②筛选和预测日气象条件、社会环境类似的历史母线负荷数据，以及预测日的气象条件预报值，利用训练好的预测算法模型进行预测日的母线负荷预测。

传统的母线负荷预测虽然较之系统负荷预测考虑了更多的母线负荷特征，但母线的负荷特征常常表现得不够明显、规律性也不强。若能考虑到母线的出线甚至是下辖用户的负荷特性，将大大提高母线负荷预测的精度。

①自顶向下，将母线负荷按其出线划分，分析各出线的历史负荷数据，若出线负荷数据规律性较差，则再将出线按下辖用户划分。

②自底向上，结合用户的历史负荷大数据，研究出线下各用户的用电特性，对用户负荷进行预测。

③将出线下的用户负荷预测结果汇总，得到各出线的负荷预测结果。

④结合出线的历史负荷数据，研究出线的负荷特性，进行出线的负荷预测。

⑤综合分析从用户负荷汇总而来的出线预测结果和利用出线负荷特性得到的出线预测结果，修正出线的负荷预测结果，得出最终的出线负荷预测值。

⑥将各出线的负荷预测结果汇总，得到母线负荷预测结果。

这种预测方法考虑了用户和出线的负荷特件，充分利用了用户和出线的历史负荷数据，预计该方法将具有更高的预测精度和实用价值。

（三）基于用电大数据的中长期电量预测

中长期电量预测是电网调峰、电源和电网建设规划以及电力需求侧管理等工作的基础。长期以来，广大电力技术研究人员对中长期电量预测方法进行了大量研究，本节主要分析业扩与电量的影响关系，从而预测业扩导致的电量增长。

1. 应用背景

受国内外经济形势影响，业扩报装容量增长率波动较为明显，对用电量增长间接造成一定影响。为准确把握下一阶段用电情况走势，对历史业扩报装数据进行大数据分析，可以通过挖掘业扩报装情况、运行容量、用电负荷利用率、用电量之间的关联关系，来量化具体的业扩与电量的影响关系，并用于预测业扩导致的电量增长。

2. 实现设计

业扩报装包含新装、增容、减容和减容恢复等业务。针对增容、减容类业务，客户在完成报装后并不能直接完成容量的变更，需要经历一个接电周期，而且客户的用电量也不会在接电以后就达到稳定用电状态，因此这段时期的电量波动，会影响电量预测的准确度。

通过分析业扩报装与电量增长之间的关系，得出在不同的时间点负荷利用率的变化趋势，验证其对负荷预测的影响，从而提高对电网电量预测的精确度。

3. 分析方法

业扩影响电量的预测方法主要分为以下两个步骤：

①模型建立：根据历史用户的业扩情况及发生后的电量变化规律，通过大数据思维分析，建立全行业新装、增容、减容、销户四类业扩类型的电量影响模型，模型反映了不同地区、行业、不同类型业扩情况发生后一段时间内业扩造成的容量变化导致负荷利用率变化情况。

②电量预测：把需要分析的历史业扩数据、预测时间等条件代入已经定义好的业扩影响电量预测数学公式，推算出业扩影响预测电量。

由于不同用户的业扩申请时间并不一致，所以需要对数据进行时间归一化处理，然后才可以把不同时间点的业扩数据放在一起处理。同时，在模型的构建过程中因为需要考虑不同地区、业扩类型、行业、容量下的业扩报装从申请到送电阶段具有不同的特性，需要把数据分类处理，还需要考虑气象、节假日、经济因素对电量的影响，把这些因素都进行拆解分析，然后才可以构建较为准确的业扩报装与负荷利用率变化值的模型。

（1）数据清洗

对海量的业扩报装数据进行清洗，分析的历史业扩报装必须是为了真正生产用电服务，因此，业扩报装完成后用户的电量需要有相应表现，确保采用的业扩数据在用户后续的电费发票中有体现，剔除因为双路电源、供电线路变更等原因而申请的业扩报装数据。

例如，对增容传票，要判断原有合同容量与合计合同容量是否相等。若原有合同容量与合计合同容量相等，则表明此增容传票实际未增加容量，只是修改线路或增加备用电源；若合计合同容量大于原有合同容量，则表明此增容传票为真实增容，增容的容量为合计合同容量减去原有合同容量。

（2）数据预处理

由于用户业扩报装的申请时间不相同，分析时需要对数据进行时间归一化处理。把业扩申请时间置为起始时间，业扩报装发生的当月设为第0月，之后每个月电量时间设置为1～18个月，同时针对部分在很短时间内发生多次业扩报装的用户，由于不能区分电量的变化是由哪次业扩导致的，所以此类用户也需要剔除。

（3）剔除外部因素对电量的影响

业扩发生后的电量变化可能会受到气象、节假日等外部因素的影响，如一般工商业客户平均负荷利用率在冬、夏两季受空调负荷增长影响下会有明显波动，大工业客户在节假日电量波动比较大，所以分析业扩对电量的影响时，需要利用气象电量影响模型、节假日电量影响模型来剔除其他因素对负荷利用率的影响。

二、配电网设备大数据分析

配电变压器是配电网极为重要的组成部分，同时也是最易发生故障的部分，电能的最终利用绝大部分都是通过配电变压器的中间作用来实现电压转换的。作为配电网运行的关键环节，其分布面积、数量及总容量都相当大。同时，配电变压器承担着向客户提供优质、稳定、可靠的电能服务的责任。

（一）应用背景

电力变压器是电网中能量传输和转换的核心，是应用最广泛的枢纽设备之一，其性能关系着电力系统的安全可靠。因此，高效地利用运检手段准确掌握电力变压器的运行状态，及时发现变压器潜在性故障，能有效降低电力事故和变压器故障发生概率。传统的变压器状态评价以人工经验分析为主，存在故障线索来源信息孤岛等缺点，尚无法进行立体化、多层次、多视角的设备全景画像和各种数据相结合的综合状态评价分析。

为解决上述问题，项目充分利用大数据技术，开展了一系列研究，实现了变压器全面状态分析、精准故障研判等功能，在变压器的管理方式上实现了信息孤岛向多源信息平台融合的转变。

（二）实现设计

配电网设备大数据画像分析应用营销系统、用电信息采集系统、PMS、调度的档案信息和数据，利用大数据技术建立的配电变压器状态分析评价模型，进行配电变压器画像分析、设备评价分析和设备预警等。配电变压器状态分析和评价模型从配电变压器运行环境、负载异常、投运时长、巡视和检修记录、故障次数与原因、生产厂商及是否存在家族缺陷等维度进行综合分析。

（三）分析方法

配电变压器状态分析和评价模型由负载异常分析模型、健康度分析模型、健康度劣化趋势预测模型等组成。模型功能如下：

（1）负载异常分析模型主要针对配电变压器的负载异常进行综合分析，变压器负载异常主要包括重过载、电压三相不平衡、电流三相不平衡、单相重过载等，根据负载异常发生天数、时长、超限范围等因素进行建模分析，统计配电变压器异常权值。

（2）健康度分析模型用于对设备状态进行分析评价。为准确评价配电变压器的状态，需要整合历史数据、设备现状、异常事件、故障停电等，形成质量类、运行类、状态类等不同维度的指标大类。具体如下：

①质量类指标包括变压器故障跳闸、非正常检修、提前大修等故障信息，其模型的核心是以配电变压器故障概率浴盆曲线为基础，计算和分析在不同运行阶段可能发生故障的概率，并依此来确定配电变压器的技术状态。

②运行类指标包括重过载、单相重过载、过压、三相不平衡等电网运行环境信息，主要分析负载环境对配电变压器运行可靠性和寿命的影响，其计算公式为负载异常分析模型的计算公式。

③状态类指标包括配电变压器非正常的退役、技改和大修次数、运行年限等维度，在统计时需要排除非正常情况下退役的配电变压器。

（3）健康度劣化趋势预测模型是在电能表健康度分析的基础上，对健康度劣化的趋势进行预测。预测的方法有很多种，主要采用多元线性回归模型对配电变压器健康度劣化趋势进行预测。

三、配电网故障抢修精益化管理

配电网故障抢修管理是智能电网建设的一个重要组成部分，电力公司对故障抢修管理体系也完成了规范和统一规划。通过精益管理，完善配电网抢修机制，缩短故障复电时间，来提高可靠性水平，提升客户满意度，解决目前抢修资源不足、综合成本普遍偏高的问题。

（一）应用背景

由于智能电网、电力光纤到户工作在配电网中的不断推进，且配电网的管理涉及公司规划、设计、建设、改造、运行等相关专业、条线，既要满足供电服务能力，又要确保配电网运营高效、经济，因此，各专业都将面临新的压力和挑战。具体要求如下：

（1）提升抢修决策水平：为各业务条线部门的指挥决策人员提供配电网抢修的综合态势及现场监管信息，以便全面掌握故障状态、抢修生产动态、资源动态等集约化的抢修管理动态，提升抢修指挥决策水平。

（2）提高故障抢修效率：对用户而言，可有效地缩短其停电时间，减少用户的停电损失；对电网企业而言，可显著提高客户供电可靠性，提高企业抢修资源的利用率，降低抢修业务综合成本，提升精益管理水平，实现更高的经济效益。

（3）提升客户满意度：通过全过程大数据研究，寻找问题、消除瓶颈，提高故障抢修信息的对外透明度，逐步向用户提供故障抢修背景、时间预测，实现自动答复功能，提高客户满意度。

（4）增强供电服务能力：通过对配电网故障抢修业务的数据分析，为运维检修、可靠性管理等业务提供数据支撑；对配电网管理环节提出问题和建议，提出配电网规划、大修改和技改选择改进建议；提升配电网各类资产健康水平，提升供电服务水平。

（二）实现设计

利用大数据平台技术实现配电网故障实时监控和抢修分析。结合云计算进行故障工单数据及过程数据实时接入，并进行实时计算处理，展示当前配电网故障发生的实时情况；对故障抢修进行分类，将故障抢修相似的影响因素抢修工单进行聚类，计算得出不同抢修环节的标准用时，通过抢修过程中实际用时与标准用时进行比对，得出抢修效率的分析结论。

（三）分析方法

采用 K-Means 聚类算法观察探索不同抢修环节标准用时与故障、气象的内在发展规律，构建抢修效率分析模型，寻找多维度下不同抢修环节的标准用时，区域、驻点的月度故障统计信息。作为一种经典的聚类算法，K-Means 依赖不断寻找簇中心直至其达至稳定实现对象的划分。K-Means 算法一开始先随机或依据某种策略选择 K 个簇中心，然后在每次迭代时将对象划分至最相似的簇中心，形成新的簇划分后再计算同簇对象的均值作为新的簇中心。这个过程反复进行，直至簇中心不再变动或达到最大迭代次数为止。

采用随机森林分类预测算法观察探索历史故障发生情况与负荷、气象的内在发展规律，构建故障量预测模型，预测设备故障量可能发生的量级区间范围。随机森林是利用多棵树对样本进行训练并预测的一种分类器。简单来说，随机森林就是由多棵 CART

（Classification and Regression Tree）决策树构成的。对于每棵树，它们使用的训练集是从总的训练集中采样出来的，这意味着，总的训练集中的有些样本可能多次出现在一棵树的训练集中，也可能从未出现在一棵树的训练集中。在训练每棵树的节点时，使用的特征是从所有特征中按照一定比例随机地无放回抽取，假设总的特征数量为 M，这个比例可以是

$$\sqrt{M}, \frac{1}{2}\sqrt{M}, 2\sqrt{M}。$$

第六章　碳排放权交易能源大数据应用

第一节　碳排放权交易市场

"碳排放权"是指企业依法取得向大气排放温室气体的权利，是一种特殊的、稀缺的有价经济资源。它紧密联结金融与绿色低碳经济，是绿色金融体系的重要组成部分。建设和完善碳排放权交易市场是实现"双碳"目标的重要途径，是构建国内绿色金融体系的内在要求，是争取国际碳排放定价权、推进人民币国际化的重大举措。

一、中国碳排放权交易市场的政策举措及实施成效

（一）试点省市碳排放权交易的主要政策举措

中国碳交易试点自 2011 年建立以来，覆盖 20 多个行业，近 3000 家企业，累计成交金额超过 100 亿元。各试点省市在碳排放领域取得重大经验，通过实践探索不同地区碳交易的制度和机制，实现了碳排放总量和强度双降。试点省市碳排放权交易市场建立初期，政策举措集中在构建完善碳排放权交易、碳排放管控、碳配额管理等制度建设方面，通过法律法规形式完善碳交易行为，规范和保障碳排放权交易市场的有序发展。比如，2012年 10 月深圳市出台的《深圳经济特区碳排放管理若干规定》，明确了深圳市碳排放管控制度、配额管理制度、碳排放抵消制度和碳排放权交易制度。2013 年 11 月，北京市发改委发布《关于开展碳排放权交易试点工作的通知》，明确北京市碳排放权交易试点市场交易机制。2014 年 3 月，湖北省政府通过《湖北省碳排放权管理和交易暂行办法》。2014 年 5月，重庆市发改委制定《重庆市工业企业碳排放核算报告和核查细则（试行）》和《重庆市碳排放配额管理细则（试行）》，保障重庆市碳排放权交易市场有序发展。2014 年 5 月，北京市发改委颁布《关于印发规范碳排放权交易行政处罚自由裁量权规定的通知》，规范碳排放权交易行政处罚自由裁量权。随后，碳交易试点出台一系列办法和实施方案，进一步制定完善质量管理、数据核查、配额分配、投诉处理等碳排放权交易制度。比如，2017年 2 月，广东省发改委印发《广东省企业碳排放核查规范（2017 年修订）》以指导企业碳排放信息报告与核查；同年 4 月，印发《广东省发展改革委关于碳普惠制核证减排量管理

的暂行办法》以加快推进广东省碳普惠制试点。同年3月,重庆市发改委公布《重庆联合产权交易所碳排放交易细则(试行)》,规范重庆市碳排放交易行为。2018年5月,天津印发《天津市碳排放权交易管理暂行办法》,完善天津碳排放市场交易管理。同年5月,湖北省发布《关于2018年湖北省碳排放权抵消机制有关事项的通知》,完善湖北省碳排放权交易制度体系。2019年7月,湖北省生态环境厅出台《湖北省2018年碳排放权配额分配方案》,明确湖北省2018年碳排放权配额分配方案。同年7月,北京出台《北京环境交易所碳排放权交易客户投诉处理暂行办法(试行)》,完善碳市场客户投诉处理流程和控制程序。近年来,各试点省市陆续完善碳排放权交易管理规定,助推试点省份碳排放履约清缴工作。2020年6月,天津市政府完善《天津市碳排放权交易管理暂行办法》以规范天津市碳排放权交易制度。2021年8月,上海市生态环境局依据《上海市碳排放管理试行办法》和《上海市2020年碳排放配额分配方案》有关规定,开展2020年度碳排放配额第一次有偿竞价发放,发放总量为80万吨。2021年10月,上海市政府印发《上海加快打造国际绿色金融枢纽服务碳达峰碳中和目标的实施意见》,推动上海市金融市场与碳排放权交易市场的合作与联动。2021年3月,深圳市生态环境局出台《关于做好2020年度碳排放权交易试点工作的通知》,调整深圳市碳排放管控单位,并对统计数据、核查报告、质量管理、配额履约等碳排放权交易工作做出安排。2021年12月,广东省生态环境厅印发《广东省2021年度碳排放配额分配实施方案》,明确广东省控排企业2021年配额总量和配额分配发放方法。

(二)碳排放权交易政策实施成效

全国碳排放权交易市场自启动线上交易以来,市场运行有序,交易价格平稳,履约完成率达99.5%,促进了企业温室气体减排和绿色低碳转型。截至2021年12月31日,试点碳市场碳排放配额累计成交量4.83亿吨,成交额86.22亿元。试点碳市场将与全国碳市场持续并行,逐步向全国碳市场平稳过渡。一是履约率高,促进碳排放总量下降。经过试点省市碳排放交易的十年探索,全国及试点省市碳排放权交易政策减排成效显著,重点排放单位履约率高,有效促进了温室气体减排,推动了省域低碳城市建设和碳普惠平台搭建。2021年12月31日,全国碳排放权交易市场第一个履约周期结束,北京、天津、上海、广东和深圳完成履约8次,湖北、重庆完成履约7次。2022年1月,甘肃平凉开建西北首个碳普惠城市,搭建碳普惠统一平台,强化了社会各界的低碳意识,为全国碳市场发展提供有益经验,实现了区域碳排放总量下降。二是推动产业结构调整,期初免费配额客观上抑制了"碳泄漏"行为。在碳达峰、碳中和目标的双重驱动下,高载能产业因高能耗需承担更多碳排放成本,需向低能耗、高附加值优化升级。由于中国碳排放权交易市场的发展仍处于平稳起步阶段,借鉴欧盟碳交易体系的先进经验,期初的免费配额能够降低企业碳排放成本,实现碳交易的平稳过渡,客观上起到抑制区域间和国家间"碳泄漏"行为的作用。因此,企业的期初免费配额方案仍将持续一段时间,但随着碳交易市场的逐渐成熟,未来将降低免费配额比例直至停止免费配额发放。三是通过CCER机制助推欠发达地区发展和乡村振兴。碳源大多位于经济发达地区，而碳汇多位于生态良好的欠发达地区。经济发达地区的企业通过水电、光伏和森林碳汇等方式从欠发达地区获得中国核证自愿减排量（CCER），助推欠发达地区发展和乡村振兴。自全国及试点省市碳排放权交易市场实施以来，CCER机制在碳源（买碳）和碳汇（卖碳）之间架起"桥梁"，具有生态补偿功能和助力欠发达地区发展的功能。四是加速煤电机组运营绩效分化，推动社会低碳化发展。引入碳排放权交易市场后，碳排放的外部成本显化，逐渐转化为排放主体的内部成本。高能效机组通过出售剩余碳排放配额以降低综合供电成本，而低能效机组需额外增加碳排放履约成本。如南方区域燃煤高能效机组每年可通过出售配额盈利2750万元以上，折合度电成本降低0.006元；而低能效机组则需额外支出750多万元购买碳排放配额，折合度电成本增加0.008元，从而加速了碳排放权交易不同能效燃煤机组的运营绩效的分化。在碳达峰、碳中和目标驱动下，随着高载能行业的碳排放成本显著增加，其依赖低端产业规模扩张的粗放增长模式难以为继。这从另一方面助推经济产业结构向低碳化转型发展。

二、完善中国碳排放权交易市场建设策略思考

未来中国碳排放权交易市场应进一步完善市场机制，通过释放合理的价格信号，引导社会资金的流动，降低全社会的减排成本，进而实现碳减排资源的最优配置，推动生产和生活的绿色低碳转型。

（一）坚持碳排放权市场总量设置适度从紧，提高资金利用效率

随着全国碳排放权交易市场机制和运行日趋完善，以及碳达峰、碳中和政策目标下碳减排力度的进一步增强，我国碳配额总量设置应坚持适度从紧原则，由目前基于强度减排的配额总量设定方式，向基于总量减排的配额总量设定方式过渡，将碳排放内化为企业生产成本，提高企业碳减排活动的积极性。通过外部环境成本显性化和内部化，以"市场—金融—技术"三引擎驱动能源绿色低碳转型，实现碳减排效益最大化。从碳定价机制中筹集到的资金按照一定比例划拨到环保专项基金中，对高排放地区、高排放企业开展针对性扶持，提高资金利用效率。分阶段推进全国碳排放交易体系建设，灵活调整不同阶段下的碳排放交易政策，在保证公平的条件下激发碳排放市场活力，保持碳价格稳定。

（二）鼓励商业银行拓展碳市场业务，构建多层次碳交易市场和碳金融市场

碳金融是碳市场的有益补充，可以提高碳市场的流动性，为碳市场健康发展提供资金保障。2022年1月，中国农业银行率先与中国碳排放权注册登记结算有限责任公司达成合作，利用"农银碳服"系统助力完成全国碳排放权交易市场第一个履约周期配额清缴工作。这是国有大型银行推动碳排放交易，丰富碳金融产品的首次尝试。建议放宽金融机构准入标准，允许金融机构参与碳金融衍生品市场的交易，强化碳价格发现功能，平抑碳价格波动，促进碳金融体系多元化发展。监管机构可以制定相应的激励政策，制定碳市场发

展指引，适当开展减免碳金融业务金融机构的税收行为。在立法先行、监管体系健全的前提下，联合银行、证券、期货、基金等金融机构，实现碳现货市场、期货/期权市场以及碳融资市场等共同发展，构建多层次立体的碳交易市场和碳金融市场，更好地激发碳市场活力，充分挖掘碳排放权这一特殊资源的价值，从而确保我国"双碳"目标顺利达成。

（三）延长发电行业碳排放配额全额免费实施周期，保持生产环节征收碳税

在全国碳排放权交易市场中，发电行业作为能源供应端被率先纳入碳市场。当前电力市场化改革已让发电企业面临较大竞争压力，煤电企业等难以内部消化碳排放成本，而将碳排放成本疏导至终端用户难度较大。因此，建议适当延长发电行业碳排放配额全额免费实施周期，建立畅通的成本疏导或价格传导机制，保障能源电力供应安全和行业可持续发展。电力是生产生活的必需品，单纯提高电价会导致全社会用能成本增加，易引发社会广泛关注和不满，不利于提高人民群众的幸福感，因此建议在生产环节征收碳税，尽管最终可能终端用户使用成本更高，但更易于群众接受。对电力、水泥和钢铁产业，碳税可以在价值链的较早环节征收，而不必面向所有家庭、企业或机构。对于牲畜产生的甲烷排放，可以在屠宰场的环节征税。随着未来全国碳排放权交易市场主体的增加，免费配额逐步缩减，碳价将逐步走高，必将推高燃煤等化石能源综合发电成本。

（四）建立多功能、一体化的全国碳排放权交易市场数据分析平台

增强科技支持和资金配套，借助人工智能、大数据、区块链等信息技术，建立多功能一体化碳排放权交易市场数据分析平台。整合现有的"广东碳交易""中国碳市""四川环境交易""沈阳碳交易"等地方碳交易用户终端APP，建立多功能一体化碳排放权交易市场数据分析平台，构建全国统一的碳交易用户终端。通过金融科技实现对目标客户的个性化管理，打造精准化碳排放权市场交易服务模式。同时，培训碳排放交易专业人员，对碳交易市场、控排企业、金融行业碳排放交易从业人员进行全国统一规范化管理。

（五）构建区域协同碳排放权交易中心，探索碳排放权交易市场国际合作

从EU-ETS的发展历程来看，碳金融产品关系到中国碳排放权交易市场的流动性和交易规模，因此，构建完备的碳金融体系，大力发展中国碳配额期货是未来中国碳排放权交易市场发展的必然方向。大湾区碳排放权交易所的成立，可作为加快构建全国区域进行协同碳排放权交易中心的有益探索，推广至京津冀、长三角、泛珠三角、粤闽浙沿海区域碳排放交易合作，打通碳排放权交易试点省份的"点"与全国统一碳排放交易市场"面"之间的"线"联系，促进全国碳排放交易市场的顺利开展。中国碳排放权交易市场应加深与全球碳市场的合作，探索国际化道路。2021年9月，中国 - 加州碳市场联合研究项目正式启动，以共同应对气候变化挑战，实现碳达峰、碳中和为目标。未来中国碳市场要进一步加强与全球各碳市场的合作，借鉴国际碳市场的发展经验，缩小中国与国际碳排放权交易机制间的差异，加快中国碳排放权交易市场国际化进程。

第二节　碳排放交易市场机制

一、交易流程

（一）强制性减排市场

强制性碳交易的流程，总体上可分为七个环节：碳盘查、配额分配、新增项目配额分配、上报监测计划、碳排放额审定、配额清缴、配额交易。

1. 碳盘查

碳盘查环节是碳交易进行的基础。在这一环节中，需要对当地碳排放量较大的拟纳入碳交易体系的机构进行调查，调查内容包括企业往年的碳排放量、碳排放来源、影响碳排放量的因素、企业的能源计量数据等。以此了解该企业的碳排放规模、影响因素、能源结构、波动性等因素，进而形成对当地的碳排放总量、能源结构、不同行业的能源计量基础等因素的总体性认识，从而为制定相关政策，分配企业碳排放配额，核查企业的碳排放量提供依据。

2. 配额分配

配额分配基于公布的配额方法和碳盘查阶段获得的企业排放和生产数据，给企业分配未来一段时间的碳排放限额。目前，配额分配的方法主要有三种：历史排放法、基准法和拍卖法。其中，历史排放法和基准法用于免费发放配额，而拍卖法是有偿发放配额的方法。历史排放法指的是基于企业前期的碳排放水平，给企业确定未来一段时间的碳排放配额。基准法是根据行业的碳排放效率，制定对每单位的产量或活动分配配额量的标准，进而根据企业的实际生产活动来确定应获得的配额。拍卖法指的是以拍卖的形式有偿发放限额。拍卖的配额有数量限制，有时会有拍卖底价。目前全球的碳交易市场中，在有偿发放配额方面，既有采用有偿与无偿结合的方式发放配额，又有采用全部有偿的形式发放配额。

三种方法各有利弊：历史排放法方法简单、对数据要求低、容易被企业接受，但灵活性较差，对于生产波动比较大的企业或是未投产的项目，该方法并不适用。此外，对先期减排行动较多的企业来说，会出现"鞭打快牛"的不足。基准法可以激励企业向行业先进标杆看齐、灵活性较强，对于先期减排行动较多的企业来说比较公平，但也存在对数据的要求高、排放效率不容易确定的问题。拍卖法可以凸显碳排放权的价值，使企业重视减排工作，还可以增加政府收入，用以转移支付，但也给企业增加了负担，当试点企业面对试点外企业的竞争时存在不公平性。

3. 新增项目配额分配

新增项目配额分配环节是针对历史排放法分配的企业。由于企业在碳交易后新投入生产的项目，使得企业的生产规模在碳盘查时发生了改变，历史排放法并不能对此进行自动调整，故对这部分新增产能补发配额。

4. 上报监测计划

监测计划指每个报告期开始前，排放主体要向主管部门提交下一报告期内有关排放源、监测计量方法、数据获取、质量保证措施、相关责任人等内容。碳排放监测计划是控排企业报告碳排放信息、核查机构开展核查活动的重要依据。这在推动试点企业明确相关责任人，落实责任部门，配备相应人员，加强本企业碳排放相关的监测、计量、统计体系建设，支持建立温室气体排放统计监测体系方面起到了重要作用。

5. 碳排放额审定

在碳排放额审定环节，排放主体要向主管部门提交本报告期内自己的碳排放报告。同时，独立的第三方核查机构需对企业提交的碳排放报告进行核查，向主管部门提交核查报告。主管部门根据第三方机构出具的核查报告，结合企业的碳排放报告，审定企业年度碳排放量，并将审定结果通知企业。

在如何计算碳排放额方面，国家发改委应对气候变化司发布了《省级温室气体清单编制指南（试行）》，各试点据此编制了本省市的温室气体排放核算与报告指南。在《省级温室气体清单编制指南（试行）》中，温室气体的排放过程被分为五类：能源活动、工业生产过程、农业、土地利用变化和林业以及废弃物处理。

在目前我国七个碳交易试点中，核算的温室气体排放大部分来自工业，剩下的来自第三产业，涉的活动主要可以归入能源活动和工业生产过程两个大类。计算方法是物质消费量乘以排放因子。在实际计算过程中，一般把排放主体的排放量分为直接排放和间接排放分别进行计算。直接排放指的是由工厂本身活动直接产生的温室气体排放，包括燃料燃烧排放、生产过程排放。间接排放指因使用外购的电力或热力所导致的温室气体排放，这部分温室气体的实际排放者是外部的电力或热力企业。

6. 配额清缴

在配额清缴环节，纳入配额管理的单位应当及时依据主管部门审定的上一年度碳排放量，通过登记系统，足额提交配额，履行清缴义务。这些清缴的配额，将在登记系统内注销。

7. 配额交易

在配额交易环节，纳入配额管理的单位以及符合规定的其他组织和个人，都可以参与配额交易活动。配额交易通过公开竞价、协议转让等多种方式进行。公开竞价的实现有几种方式。如卖方挂牌，买方价高者得；卖方采用限价指令，买方价高者得；限定交易价格，买方先报先得等。协议转让指的是对于配额量比较大的交易，买卖双方在线下达成一致后，通过线上交易系统完成交易。通过配额交易，纳入配额管理的单位可以将自己多余的配额出售，以获得节能减排带来的收益；或是购入配额以弥补自身排放温室气体超额的部分。此外，还有部分组织和个人，自身并不是纳入配额管理的单位，他们加入本市场是为了低买高卖，从中获取差价，他们的存在对盘活市场、稳定碳排放配额的价值有积极的意义。

此外，在碳交易市场中还有一个重要的机制——抵消机制。抵消机制指的是纳入配额管理的单位可以将一定比例的国家核证自愿减排量（CCER）用于配额清缴。

（二）自愿性减排市场

中国核证自愿减排机制的计量单位是"核证自愿减排量"（CCER）。核证自愿减排量指的是采用经国家主管部门备案的方法学，经由国家主管部门备案的审定机构审定和备案的项目产生的减排量，单位为 tCO_2e。在各地限制的比例范围内，一单位符合条件的CCER可抵消等量的二氧化碳排放量。

目前我国对温室气体自愿减排交易采用备案管理的方法，国家发改委作为温室气体自愿减排交易的国家主管部门，依据《温室气体自愿减排交易管理暂行办法》对有关交易活动进行管理，并建立国家自愿减排交易登记簿，登记已经备案的自愿减排项目和减排量。

温室气体自愿减排交易的流程，总体上可分为七个环节：项目设计、项目审定、项目备案、项目监测、项目核查与核证、减排量备案以及交易。自愿减排项目减排量经备案后，在国家登记簿登记并在经备案的交易机构内交易，目前，全国有七家交易所可以进行CCER的交易。

1.项目设计

在开发CCER项目前需要先对该项目进行评估，判断是否符合开发成CCER项目的条件，主要考虑两个因素：①是否符合国家主管部门备案的CCER方法学的适用条件；②是否满足额外性论证的要求。其中，方法学是指用于确定项目基准线、论证额外性、计算减排量、制定监测计划等的方法指南。额外性是指项目活动所带来的减排量相对于基准线是额外的，即减排量是由项目实施带来的。

CCER项目开发的起点是项目设计文件。项目设计文件是申请CCER项目的必要依据，是体现项目合格性并进一步计算核证减排量的重要参考。项目设计文件的编写需要依据国家发改委网站上给出的最新格式和填写指南。项目设计文件可以由项目业主自行撰写，也可由咨询机构协助项目业主完成。

2.项目审定

申请备案的自愿减排项目在申请前应经国家主管部门备案的审定机构审定，并出具项目审定报告。目前，经备案的审定和核证机构有四批共九家。项目审定报告主要包括：项目审定程序和步骤、项目基准线确定和减排量计算的准确性、项目的额外性、监测计划的合理性、项目审定的主要结论。

3. 项目备案

审定完成后，国资委管理的中央企业中直接涉及温室气体减排的企业，直接向国家发改委申请自愿减排项目备案；未被列入名单的企业需向项目所在省、自治区、直辖市发展改革部门提交自愿减排项目备案申请，由后者就备案申请材料的完整性和真实性提出意见后转报国家主管部门。

申请自愿减排项目备案须提交以下材料：项目备案申请函和申请表，项目概况说明，企业营业执照，项目可研报告审批文件，项目核准文件或项目备案文件，项目环评审批文件，项目节能评估和审查意见，项目开工时间证明文件，采用经国家主管部门备案的方法学编制的项目设计文件，项目审定报告。

国家主管部门接到项目备案申请材料后，首先会委托专家进行评估，评估时间不超过30个工作日；然后主管部门对备案申请进行审查，审查时间不超过30个工作日（不含专家评估时间）。

4. 项目监测

监测报告是记录减排项目数据管理、质量保证和控制程序的重要依据，是项目活动产生的减排量在事后可报告、可核证的重要保证。国家发改委已于2014年4月16日在信息平台公布了CCER项目监测报告（MR）模板（第1.0版）。监测报告可由项目业主编制，或由项目业主委托的咨询机构编制。

5. 项目核查与核证

经备案的自愿减排项目产生减排量后，作为项目业主的企业在向国家主管部门申请减排量备案前，应由经国家主管部门备案的核证机构核证，并出具减排量核证报告。减排量核证报告主要包括：减排量核证的程序和步骤，监测计划的执行情况，减排量核证的主要结论。同时，对年减排量6万t以上的项目进行过审定的机构，不得再对同一项目的减排量进行核证。

6. 减排量备案

项目业主的企业在向国家主管部门申请减排量备案须提交的材料包括：减排量备案申请函，监测报告，减排量核证报告。国家主管部门接到减排量备案申请材料后，委托专家进行技术评估，评估时间不超过30个工作日。国家主管部门依据专家评估意见对减排量备案申请进行审查，并于接到备案申请之日起30个工作日内（不含专家评估时间）对符合条件的减排量予以备案。

7. 交易

自愿减排项目减排量经备案后，在国家登记簿登记。在每个备案完成后的1个工作日内，国家主管部门通过公布相关信息和提供国家登记簿查询，引导参与自愿减排交易的相关各方，对具有公信力的自愿减排量进行交易，并在经备案的交易机构内交易。用于抵消碳排放的减排量，应于交易完成后在国家登记簿中予以注销。

二、市场结构

（一）碳金融市场概述

金融是经济的血液。碳交易机制资源配置作用的实现，离不开资金的支持和运作，碳交易市场中交易行为也伴随着资金的流动。目前对碳金融没有一个统一的概念。从广义上来讲，围绕碳交易流程，包括强制性碳交易市场和自愿性减排碳交易市场在内的相关金融活动，都可以称为碳金融。

自《京都议定书》生效以来，随着各地碳交易市场的兴起以及规范性法律法规文件的出台，碳排放权的价值逐渐被接受和确定，并且大部分在各地的能源环境交易所进行交易，这就使碳排放权有了成为金融产品的基础。碳金融市场可分为碳现货交易和碳金融衍生品交易两大市场。其中，碳现货交易市场指的是交易双方对排放权交易的标的、数量、价格等达成一致，进行即时买卖和交割的市场，它是碳金融的基础市场。碳金融衍生品交易市场是在碳现货交易市场的基础之上派生出来的，具有规避风险和价格发现的作用。根据产品形态，碳金融衍生品交易市场可以包括碳远期、碳期货、碳期权、碳互换等产品，其中以碳期货最为普遍。

碳远期指的是交易双方约定在未来某一特定时间以某一特定价格买卖某一特定数量和质量碳资产的交易形式。在这种交易方式中，合同是根据双方的要求量身定做的非标准合约，一般是场外交易，流动性较差，且有较大的违约风险。目前，核证减排项目一般是通过这种方式进行交易，即这类项目启动之前，交易双方就签订合同，规定项目未来产生的减排量的交易价格、数量以及交付时间。

碳期货同样指的是交易双方约定在未来某一特定时间以某一特定价格买卖某一特定数量和质量碳资产的交易形式。与碳远期不同的是，它是在碳交易所中进行的，使用的是标准化合同，当天结算，流动性较强。此外，期货还有套期保值的作用，买卖双方可以通过使用碳期货工具锁定未来收益。对于出售者来说，为了保证其要实行的减排项目产生的减排量能获得一定的收益，防止正式出售时碳价下跌带来损失，可采用卖期保值的方式来降低风险，即在期货市场以卖主的身份售出数量相等的期货。这样，当未来现货市场价格下跌时，卖方可以从期货市场得到补偿。对于买方来说，他所面临的风险是如果现在购入核证减排量，未来需要使用时，现货市场价格下跌，为此，买方也可同样地采用买期保值方式来降低风险。

碳期权是在碳期货市场上进一步衍生出的碳金融工具。期权又称选择权，在买方向卖方支付一定的资金后，在未来的某个时间段，就可以享有以事先规定的价格向卖方购买或出售特定数量和质量的碳资产的权利。这种权利是单向的，即买方可以选择使用期权行使权，也可以放弃，其最大的风险在于已经支付的权利金；而卖方在买方履行权利时，具有依期权合约事先规定的价格卖出标的物的义务，其风险较高，必须缴纳保证金作为履约担保，亏损随市场价格的波动而波动，最大收益是买方的权利金。

碳互换指的是两个或两个以上的当事人，按照约定条件，在未来的特定时间，交换一定数量的不同性质的碳资产或债务。在一些碳交易市场中，设有抵消机制。以欧盟碳交易市场为例，根据《京都议定书》的规定，它允许成员在一定限度内通过清洁发展机制或联合履约实现减排任务。也就是说，排放实体可以在一定限度内使用欧盟以外的减排信用，包括核证减排量（CERs）或减排单位（EURs），抵消时，一单位的减排信用可以当作一单位的碳排放配额使用。这样，在不同的市场之间，由于价格差异，就产生了获利空间。

从国际碳交易市场来看，国际碳交易市场最早出现的就是碳现货交易。碳期货市场是在碳现货市场的基础之上派生出来的。我国的碳金融市场正处于发展阶段，在碳交易试点的首年运行中，在现货市场的发展中积累了一定的经验。例如，出现了企业在履约期扎堆购买配额，碳价明显上升的现象，这说明有些参与企业在碳资产管理方面有待提升。在碳期货方面，在《国家应对气候变化规划（2014—2020年）》中提出，要在重点发展好碳交易现货市场的基础上，研究有序开展碳金融产品创新。目前，已经有试点在进行有关碳期货的研究。

（二）碳金融市场的相关主体

基于本书的写作目的，根据参与者的性质和目的，将碳金融市场的相关主体分为三类：管理类机构、金融类机构和生产类机构。这三类机构在碳交易市场中的角色、目标和保有的信息各不相同。

管理类机构指的是碳交易市场的行政管理部门。这类主体不以从该市场中营利为目的，其目标是维护碳交易市场的正常运行，并发挥碳交易机制在减少温室气体排放方面的积极作用。以上海市为例，这类主体包括上海市政府（成立了上海市碳排放交易工作领导小组）、上海市发展和改革委员会（主管部门）、上海市节能监察中心（委托执法部门）、上海环境能源交易所（上海市碳交易平台）、上海市信息中心（管理登记簿）。

金融类机构指的是从事金融服务业有关的金融中介机构。这类主体以从该市场中营利为目的，或是为了提高其在金融业务方面总体的竞争力。对于整个碳交易市场来说，金融类机构的参与，大大充实了资金来源，盘活了碳资产，有助于发现碳价、项目融资、风险管理、增强流动性。这类机构包括：商业银行、碳基金、证券公司、保险公司、碳资产管理公司、碳经纪商、碳信用评级机构等。

生产类机构指的是纳入碳配额管理的企业，它们是温室气体的实际排放者，也是控制温室气体排放的对象。这类机构在本市场中的主要目标是综合考虑包括碳排放在内的总成本，以获取企业总利润的最大化。这是因为企业减少温室气体排放也要付出一定的成本，因此，企业需要在减少温室气体排放的收益与投入之间进行衡量。如果企业减少温室气体排放的投入大大超过了从碳排放量减少带来的收益，那么企业很可能会更倾向于到市场上购买配额。那么，从整个市场的角度看，就实现了资金流向减排成本低的企业，用市场这一"看不见的手"，推动了资源在减少温室气体排放方面的优化分配。

（三）各主体间的信息流

企业的能源消费情况是碳交易最基础的信息来源，这些信息流向政府、核查机构和交易所，在这些机构中，这些基础的碳排放相关信息与其他来源的数据交互，尤其是在交易环节，产生了大量的实时性数据。通过大数据技术，可以挖掘数据背后的价值，从而对向政府决策提供辅助，提高相关单位的业务水平，以及进一步发挥碳交易机制的节能减排作用起到积极的作用。

三、中国碳交易机制的形成及其影响

（一）中国碳交易机制的形成

中国从 2005 年开始通过开发核证减排量和自愿减排量项目的方式参与国际碳交易市场。自 2011 年开始，在北京、天津、上海、重庆、广东、湖北和深圳 7 省市开展碳交易试点，逐步建立中国国内碳交易市场。2013 年 6 月，深圳碳交易所作为首家试点市场运行，标志着中国碳交易市场的建设迈出关键性一步。随后，上海、北京、广州、天津陆续成立碳交易所。2014 年，湖北、重庆碳交易所成立，自此，参与试点的七大交易平台全部运行。经过多年的实践，碳交易市场对碳减排发挥了显著功效，碳排放总量和强度保持了明显的双降趋势。2021 年 3 月，生态环境部公布《碳排放权交易管理暂行条例（草案修改稿）》，并向社会公开征求意见，这是中国碳交易市场立法迈出的重要一步。2021 年 7 月 16 日，全国碳交易市场正式启动上线交易，第一个履约周期为 2021 年全年，纳入发电行业重点排放单位 2162 家，覆盖碳排放量约 $45 \times 10^8 t$ 的 CO_2 当量，成为全球规模最大的碳交易市场。

自启动上线交易以来，全国碳交易市场总体上交易活跃，交易价格稳中有升，市场运行平稳。虽然全国碳交易市场首次交易仅纳入电力行业，但根据全国碳交易市场的总体设计，"十四五"期间，将按照循序渐进、弹性推进的过程，在遵循处理好减排降碳与供应链平稳基础之上，逐步纳入石油、化工、建材、钢铁、有色、造纸和民航等其他高耗能行业，且随着企业参与度的不断提高，市场活跃度也将进一步提升。

（二）全国碳交易市场发挥的作用

建立全国碳交易市场，是推进实现碳达峰、碳中和的重要路径。通过市场机制对绿色产权进行有效的交易定价，促进碳减排监督管理，使重点排放单位、机构或个人通过全国碳交易系统对碳排放配额进行自由有偿交易，使碳排放的隐性成本显现化、外部成本内部化。

首批碳交易市场覆盖企业的碳排放量超过 40×10^4 t 的 CO_2 当量，意味着中国碳交易市场成为全球覆盖温室气体排放量规模最大的碳市场，既彰显了中国积极主动参与全球气候治理的负责任大国担当，也有助于中国参与气候融资和低碳投资，更有助于化解绿色贸易壁垒，推动疫情后的经济"绿色复苏"。

（三）碳交易机制对能源行业的影响

能源是现代社会发展的基础，可靠、稳定的能源供应关系到国家安全、经济社会可持续发展及人民福祉。但是，碳排放也主要来源于能源消费，推进实现"双碳"目标，必须加快推动能源绿色低碳转型。随着能源行业纳入全国碳交易市场，一些企业可能因配额不足而购买，进一步增加成本压力，在行业日趋严峻的竞争格局下，落后企业甚至会因此被淘汰。目前，石油石化行业的自备电厂已被率先纳入，整个石油石化行业有可能在2022—2023年被纳入中国碳交易市场，这将给单位产品能耗高、排放高的企业带来重大考验。企业需将外部压力转为内部动力，推动转型升级，努力使单位产品碳排放量低于排放基准线。

同时，天然气、新能源、CCUS（碳捕集、利用与封存）等低碳业务将迎来难得的发展机遇。2019年，中国天然气、水电、核电、风电等清洁能源消费量占能源消费总量的比重为23.4%，与欧美等国家相比，发展潜力巨大、空间广阔。碳交易市场将形成传导机制，进一步扩大清洁能源生产供应规模，促进清洁能源配套技术全面升级，提高清洁能源消费比例。

第三节　大数据在碳排放交易市场的具体应用

一、碳排放交易数据的价值

碳交易已经逐渐成为节能减排的一项重要手段。对政府来说，碳交易机制是市场化节能减排的重要工具；对用能企业来说，碳资产的价值逐渐受到重视；对其他相关的单位来说，碳交易业务是提高服务质量、挖掘新市场的潜力点。但是，目前碳交易相关数据的保存和管理方式大多以一种孤立的、非结构化的、比较粗放的形式存在。表6-1展示了碳排放交易相关机构拥有的碳排放交易相关数据。运用大数据技术，可以有效地挖掘碳交易数据的价值。

表 6-1　碳排放交易相关机构拥有的碳排放交易相关数据

生产企业	工业企业	产量、能源消费（包括各种能源的消费量）、当地的经济总量（包括能源结构、各行业的产值和能源消费情况、产业结构调整目标等）
政府	政府	各企业的碳排放数据（包括碳盘查、监测计划、碳排放报告、核查报告等），各企业的能源消费情况（包括各种能源的消费量、产值等）
	碳排放权交易所	碳交易的行情（包括交易量、交易价格、近期价格走向），各交易者的信息（包括性质、行业、规模等）
金融机构	银行、证券交易所等	各客户的碳交易结算账户信息（包括账户余额、结算量、结算时间等），各客户的其他银行账户信息（包括账户基本信息、存贷款状况等）
	核查机构	企业的碳排放数据（包括各种能源的消费情况），企业的碳排放重点设备
其他机构	碳交易托管机构	客户的碳排放数据，客户的碳资产管理目标
	CCER 出售方	CCER 项目的相关信息（包括项目类型、地域、产生时间、产生量等）

（一）对监管部门

大数据分析与管理技术的不断发展，为政府提高监管水平提供了新的工具。目前，政府在碳交易方面的数据，主要是碳交易各环节中的关键性数据。实际上，由于政府的管理地位，可以从企业、能源公司、碳排放权交易所等多个信息源获得数据。这些信息可以从实时监控、阶段性分析汇总和行政稽查辅助三个方面为政府提供服务。

（1）在实时监控方面，政府可随时了解当地的能源消费、温室气体排放等基础指标的变动情况，发挥实时监测和预警的作用。

（2）在阶段性分析汇总方面，通过对这些数据的综合分析，可以得出该段时间内用能量、能源结构等情况，进而挖掘出宏观经济运行、节能减排状况、政策实施情况、未来经济走向预测等多方面的信息，从而为科学决策提供数据基础。例如，针对性地制定补贴政策，或者对节能减排企业制定一定的鼓励和限制目录。

（3）在行政稽查辅助方面，通过与企业的能源管理中心、能源公司、相关政府部门的信息沟通，第一手的数据可以有效减少欺诈，并且多个来源的数据可以互相对比印证，以此来作为稽查的辅助判断，从而提高对违法违规行为的处理效率。

未来，随着全国性碳排放权交易的建立和进一步发展，涉及主体的数量、类型、行业、范围上会有一个井喷式的发展，涉及的业务将会进一步扩大，监管的工作量和工作深度也会进一步上升。做好碳排放数据的挖掘工作，有助于政府提高风险识别和预警能力，为碳排放权市场的顺利发展保驾护航；有助于政府提高管理效率，以更市场化的手段进行能源结构调整和产业调整；有助于政府实现从单项工作、单个市场到多项工作、多个领域的全方位、立体式监管。

（二）对企业

对碳排放主体来说，其碳排放量目前都是由其碳排放活动折算出来的，即是由其能源消费数据和产生过程排放的原始数据得来的。对绝大多数企业来说，其碳排放数据仅由能源消费数据折算所得。因此，碳排放数据和能源消费数据是密不可分的。但是，碳排放数据和能源消费数据并不是简单的线性关系，因为其与能源结构以及活动种类有关。例如，使用两种不同的能源生产同一种产品，如发电使用煤或天然气，其能源消费量折算成标准煤的概念可能是相同的，但折算成碳排放量很可能有所差异，因为煤和天然气的碳强度是不同的。

目前，对比较大的企业来说，其能源管理经过长期的建设已经比较规范，能源消费数据也比较完整。能源管理水平比较高的企业已经有自己的能源管理中心，并且实现了能源消费三级计量和动态监测。但是，在碳排放数据方面，企业的碳排放管理处于参差不齐的阶段。碳排放管理做得比较好的，主要是大型企业或出口型企业。对大型企业来说，其管理体系比较完善，资本雄厚，社会责任感也较强，对其用能情况有比较详细的记录，有些企业会主动公布其碳排放报告。以中国远洋运输集团为例，其自己制作了碳排放计算器。而绝大多数企业管理还比较粗放，仅仅是根据碳交易的要求，被动地进行各环节的工作，进行一年一度的核算和交易，没有纳入日常管理中。

从长远来看，重视企业碳排放管理能力的建设具有重要意义：一方面，控制温室气体排放将是国家重要的一项工作，对企业的控排要求也会越来越完善；另一方面，随着人们对气候变化问题的关注，低碳化生产已经成为提升企业形象、提高产品竞争力的重要措施。以碳标签制度为例，所谓碳标签，指的是把商品在生产过程中所排放的温室气体排放量在产品标签上用量化的指数标示出来，以标签的形式告知消费者产品的碳信息。也就是说，利用在商品上加注碳足迹标签的方式引导购买者和消费者选择更低碳排放的商品，从而达到减少温室气体排放、缓解气候变化的目的。目前，包括美国、英国、法国、日本在内的多个发达国家已经实施该项制度。而碳标签将很可能从公益性的标志变成商品的国际通行证。一旦这些国家做出强制技术要求，碳标签以及由此征收碳关税极有可能成为新的贸易壁垒。此外，各国的碳标签现在主要针对一些终端消费品，作为产业链上游原材料供应商的中国企业，则可能要求提供碳足迹数据。对于企业，可以在企业能源管理中心增加一个碳排放动态管理的功能，将其与企业的能源利用数据进行关联。甚至对各个重点用能设备或工艺过程的碳排放量进行动态监控，从而为挖掘企业节能减排潜力点、提高碳资产管理水平树立良好的企业形象打下基础。

（三）对金融机构

在碳交易市场中，伴随着大笔的资金流动，碳交易金融衍生品的创新，更是给金融机构创造了新的市场。这些机构包括银行、基金以及证券公司等多种机构，乃至私人投资者也参与其中。金融机构的参与使得碳市场的容量扩大，流动性加强，价格更加透明；而一个发展中的朝阳市场反过来又吸引更多的企业、金融机构，且形式也更加多样化。从国外经验来看，金融机构对碳交易的介入深度是随着碳交易市场的发展而逐步增加的。

（1）在最初的阶段，金融机构中的银行只是从事交割清算业务；一些金融机构提供企业碳交易的中介业务，收取中介费；还有一些基金看好碳交易的前景而直接投资碳排放配额。

（2）随着碳交易市场的进一步完善，碳金融衍生品开始出现，为金融机构带来了更多的投资机会。

（3）同时，随着碳资产的价值逐渐被接受，一些优秀的减排项目成为对冲基金、私募基金追逐的热点。投资者往往以私募股权的方式在早期便介入各种减排项目，甘冒高风险的代价期待高额回报。投资银行还以更加直接的方式参与碳市场。

除了经济收益以外，加强碳金融数据的分析也有助于银行提高现有的服务水平。因为碳排放交易的参与主体都拥有银行账户，特别是其中的大企业用户，是银行的重要客户。银行已经有比较好的数据基础和技术基础，重视碳交易大数据，将其与银行现有数据交叉融合，有助于提高银行的服务质量。例如，可以通过完善现有的客户评级系统，进一步发展碳贷款业务等。

总之，对金融机构来说，做好碳交易大数据的挖掘，意味着会有更广阔的业务发展空间，更精准的决策判断能力，更优秀的经营管理能力。尤其是银行，其拥有充足的资金、良好的数据基础和初期的介入，在碳交易大数据的挖掘上具有优势。

（四）对其他相关机构

除了政府、企业、金融机构外，碳交易市场中还存在一些其他相关机构，包括节能服务公司、托管机构、信用评级机构等。这些机构可能对碳交易本身的参与程度不高，但通过挖掘碳交易各环节中产生的数据信息，对这些机构分析企业和市场、有针对性地营销和运作有着重要作用。

（1）对节能服务机构来说，碳交易的发展，对企业是否实施节能改造项目的决策也产生了影响。节能服务机构可以根据行业属性、企业碳排放数据和企业设备、能耗、往年改造项目等方面的数据，有针对性地挖掘潜在客户。

（2）对碳资产托管机构来说，保持对碳交易市场信息的关注，有助于提高其碳资产管理服务水平、开发新的业务，从而提高客户满意度、扩大市场，获得更好的发展。

（3）对企业评级机构来说，将企业碳交易的参与情况纳入信用评级体系中，有助于完善评价体系，从而更全面地评价企业信用。

（4）通过购买温室气体减排量的方式，实现项目的"碳中和"，也是企业或机构在活动中重视自身的社会责任感、提升企业形象的重要手段。对这些企业来说，了解认证减排量的市场信息，有助于降低运营成本。

总而言之，随着碳交易市场的发展和成熟，它对相关机构的业务范围和流程必将产生一定的影响，并催生一些新产业。在中国，碳交易市场仍处于起步阶段，这也意味着拥有大量的机会。使用大数据对碳交易数据进行分析，有助于有关机构在这一机遇中获得更多的优势。

二、碳排放交易大数据发展的建议

目前，我国碳排放交易还处于发展阶段，这既是碳排放交易大数据发展的难度之一，也是碳排放交易大数据发展的契机。在发展碳排放大数据方面，一方面是完善碳排放交易市场机制的要求，另一方面是走向大数据时代的要求。参考国外的发展经验，给出发展碳排放交易大数据的几个建议，具体如下：

（一）加强对配额办法、分配机制的研究

配额办法、分配机制的方法学是碳交易市场的基础机制之一。加强对配额办法、分配机制的研究，可以防止多余的碳排放限额分配，尽量减少主观因素的影响，促进市场的"公平、公正、公开"，有利于市场的顺利运行。从宏观上来看，如果配额过松，企业会缺乏采取减排行为的动力，碳价也会大幅下跌，这一点在欧盟碳排放交易体系中曾有所体现；而配额过紧，则会给企业带来过大压力，造成企业的抵触，有价无市的市场也无法正常运行。针对不同的行业，是使用历史排放法还是基准法，基准值如何确定，如何使分配的配额处在企业能"跳一跳，够得到"，并且符合行业的排放特点，都是需要研究的问题。

相比历史排放法而言，基准法对数据质量要求非常高，制定过程复杂。基准法要求企业之间的产品碳强度具有可比性，而产品具有异质性，同一个行业中的产品也具有相当复杂的分类。因此，如何划分产品需要大量的数据和经验的支持。尤其是化工行业、汽车制造业、有色金属行业等，产品种类繁多，不同产品之间碳强度的可比性弱，制定产品基准线非常复杂。

同时，随着全国性碳交易市场的展开，根据全国碳交易管理办法，配额分配计划是由地方进行的。这样，如何结合本地情况，制定科学合理的配额办法，与当地政府的整个政策方针相配合，是尚未开展碳交易的省市尤其需要考虑的问题。而全国性碳交易市场建成后，能更有效地避免"碳泄露"的发生，即通过跨地生产转移而造成的间接碳排放，并且提高碳资产的价值。从长远来看，可以促进减排资源全国性的流动，从而实现整个国家减排成本的降低，并且为中国未来在国际碳交易市场上及气候政治上争取主动提供助力。

另外，碳排放有偿分配方式也是国际碳交易市场上比较好的机制，即企业不能获得或只能部分免费发放的配额，只能通过竞价购买的方式获得。这样可以促进企业内部的审核评估，并督促企业提前进行生产成本核算以及预算估计。这种机制可以最大限度地发挥碳金融市场机制，增加交易数量，并让碳金融期货等产品有更多的市场空间。同时，竞价购买也会将碳价纳入企业内部的经济战略决策中，迫使企业提前进行生产改造。

（二）创新碳金融市场，加强市场流动性

金融衍生品可以帮助企业减少由于未来碳价的不确定性带来的风险，达到套期保值的目的。对碳减排项目实施方来说，其未来的收益得到了保证；对购买方来说，其未来的配额购买支出得到了确定；对金融机构来说，带来了更多的投资机会和更大的业务市场，有助于增强碳金融市场的活跃度和流动性。随着市场的扩大和碳资产流动性的增强，企业进行节能减排改造的方式增多，成本下降，进一步提高了企业的积极性，出现"以奖代补"的可能性。

对各类拥有大量碳足迹的企业和公司来说，碳交易和碳金融是将企业重新打混、洗牌、大浪淘沙的过程。评估气候风险，将环境气候碳排放的数据整合进公司企业的投资策略和经济战略中是一大挑战，但同时也是那些能够有前瞻性、领先于绿色可持续发展企业的相当大的竞争优势。对金融机构来说，碳金融将是把中国和世界金融市场联系起来的机遇。中国是世界上提供碳核准量最多的国家，也将是碳资产最多的国家，如何创造这一大资金池的有效管理、投资、产品开发和第三方服务，将会培养出一批成熟有能力的金融资产管理公司、能源服务公司、能源合同管理公司等。对政府和各地方公共服务部门来说，大批高成本的清洁能源项目（例如分布式光伏、电动汽车、海上风电等）将得到更加多元化的融资渠道，特别是中小型企业将有更多非银行借款，从第三方能源服务和担保机构到风险投资与私募都将是融资的手段。

在这一过程中保证企业的参与，加大宣传力度，尤其是国有企业，转换思维，从履约思维到盘活市场进行主动融资的思维转化是非常重要的。各参与方的积极参与，才能保证碳资产的资源稀缺，提高碳价，将碳转化成有价值的商品。交易量增加后，整个碳交易市场才有资金的流动性，才能有有效的金融活动和经济社会效益产出。

（三）重视碳交易大数据的基础设施建设

平台的建设和数据的收集，是一项长期的工程。目前，我国的碳交易市场尚处于建设中，这对于碳交易大数据的建设也是一个机遇。早期的介入可以减少阻力和成本、降低执行难度。这就要求政府能加大宣传和推进力度，促进相关机构充分挖掘和发挥碳交易大数据的价值。

对政府部门来说，重视收集更多关于碳交易的数据、促进各部门间的信息共享、使用大数据技术挖掘数据间的联系，可以为政府的科学决策提供有益的参考。为了促进相关机构的碳交易大数据基础设施建设，可以考虑通过提供资金奖励、建设试点、将其列入考核内容等方式。

对企业来说，重视碳交易在未来的发展趋势，在建设企业能源管理中心的过程中，加入碳排放数据的管理功能、跟踪碳交易市场的动态，利用多种金融手段，提高碳资产的管理水平，降低企业的经营成本，有助于提高企业形象和产品竞争力，为企业在未来的竞争中占得先机。

对金融机构来说，将碳交易大数据与机构原有的数据和平台融合、丰富机构的数据库和数据来源，有助于企业提高服务质量、挖掘新的业务，在中国的碳交易这一新兴市场中取得领先地位。这些机构包括资金提供机构（基础设施投资基金、商业银行等以及股权投资公司）、二级市场交易中介机构（如交易所、交易商、资产管理公司、保险公司等提供融资渠道多元化服务）等。

对其他机构来说，项目咨询机构（提出 CCER 申报、排放审核的中介、技术咨询公司）、碳资产管理公司（包括一些大型公司下设的碳资产管理公司、节能服务公司）、信用评级机构等，重视碳交易市场的动态和数据挖掘、风险管理，也对提高其业务水平和前瞻性具有重要作用。

第四节　基于关联规则挖掘的滚齿加工碳足迹研究

一、滚齿加工过程及碳排放影响因素

（一）齿轮制造企业信息系统

近年来随着互联网技术的发展，齿轮制造企业对系统化数据的需求使得企业越来越普及相关过程的信息系统。针对滚切过程，可以从产品数据管理（Product Data Management，PDM）系统中获取齿轮基本信息，如滚齿机床加工工艺卡片和管理文档、齿轮部件结构图等生产作业文档；从所有计算机辅助相关的技术总称系统（记为 CAx）中获取切削三要素、设备、齿轮、刀具等加工参数；从制造执行（Manufacturing Execution System，MES）系统中通过车间能耗统计追踪碳足迹，信息系统记为 EIS 企业信息系统。

（二）滚齿加工过程分析

1. 滚齿加工原理

齿形是由滚齿机床加工出来的一种加工方法，因效率高而在齿轮制造企业中应用比较广泛。其原理参照了螺旋齿轮之间的啮合，滚刀、齿轮工件在切削过程中分别相当于蜗杆、蜗轮，它们之间相互啮合，在做切削运动的同时作连续的平行移动。滚刀沿着特定的的方向会开一些小槽，用来接收切削过程中产生的废屑。滚刀齿形不同，加工出的齿轮齿形也不尽相同，可以加工出各种齿形。

2. 滚齿机传动运动

滚齿机需要具备的传动运动如下：

（1）切削运动，即滚刀的回转运动。为了综合考虑切削速度对滚齿机碳排放和刀具磨损碳排放的影响，实际生产中应当根据加工工艺条件使滚刀转速在一定范围内调整，以获得合理的切削速度。其运动方程式可根据滚齿机实际传动进行计算。

（2）展成运动，即分齿运动齿轮与刀具之间需要准确传动比，且旋转方向有要求的转动，可以决定切齿精度。比如，展成传动链的运动误差会直接影响齿轮精度，因此，良好的展成运动可以减少滚切过程中精度不达标的报废齿轮，降低报废齿轮回收处理耗能。

（3）垂直进给运动，切出全齿宽滚刀在切削过程中一边要旋转，一边要做走刀运动，方向为沿齿坯轴线。滚刀放在刀架上，刀架沿滚齿机立柱导轨平移形成进给运动，其相关切削参数在一定程度上影响了滚刀寿命。如果没有合理选取切削参数，会使刀具磨损加重，增加刀具磨损的碳排放。

（4）差动运动，依靠差动机构实现。

（三）滚齿加工过程碳排放源

齿轮的"从摇篮到坟墓"每一阶段都与碳排放息息相关。滚切过程作为齿轮全生命周期中的"从大门到大门"阶段，其碳排放是能源流、物质流与碳排放流在齿轮滚动中的累积值。齿轮的滚切过程消耗物料和能源多，使得原材料和电能等需要不断供给。

滚切过程涉及多种碳排放流的排出。根据消耗物料和电能的原则，国内外很多学者在碳排放核算过程中结合基于物料和能源消耗的碳足迹核算模型进行诸多研究。考虑到无法直接核算其碳足迹，故采用间接碳排放核算思想，使用相关碳排放因子，包括电能、滚刀刀具制备、切削液制备以及废屑废液回收碳排放因子等，其核算过程繁琐复杂，通过制造企业信息系统积累的大量碳足迹数据分析滚切过程碳排放影响因素，挖掘其中的关联信息，可以提供决策指导，实现滚齿低碳制造。

然而在挖掘滚切过程碳排放影响因素前，需要确定合适的碳足迹讨论边界，突出碳排放的主要影响因素，明确其碳排放来源。

滚齿机床加工最基础的切削运动是形成于滚刀刀具的回转，为了降温并减小摩擦力以提高齿轮切齿质量，会添加切削液，同时滚刀在切削过程中也可能因为高速，导致受力变形而降低使用寿命，最终报废回收。从滚齿切削过程一直追溯下去会发现，能源消耗除了滚齿机床加工设备耗电能，包括机床空载耗能和切削耗能，还有废弃物回收处理耗能等；物料消耗有齿轮工件材质、切削液、磨损刀具。

除此之外，加工车间还有运输或公共设备，比如通风设施、照明等，这些也会消耗能源产生碳排放。考虑到这些因素与挖掘应用没有密切相关，故在核算的碳足迹数据中将其排除。基于上述分析，滚齿加工过程的碳排放源主要包括滚齿机床、齿轮工件、滚刀刀具和切削液，同时还要考虑滚齿加工工艺参数，比如切削用量的选取对碳排放的影响。

二、滚齿加工过程碳排放影响因素

滚齿机传动必须具备切削运动、展成运动、垂直进给运动以及依靠差动机构实现的差动运动，是一个较为复杂的过程。其加工过程中的碳排放状况错综复杂，而碳排放影响因素也是多方面的。

（一）滚齿机床对碳排放的影响

滚齿机型号很多，不同型号的滚齿机，其运转耗能特性以及能达到的切齿精度不同，对滚切碳排放的影响也不相同，主要表现在各种不同功能部件耗费电能产生的碳排放以及滚齿机对切齿精度的影响导致报废齿轮的数量。除此之外，滚齿机的刚度也会通过滚刀寿命来影响刀具碳排放。

1. 运转耗能特性

机床运转耗能特性，如运转功率取决于滚齿机床型号，机床运转消耗的电能由加工时间以及切削功率决定，在制备时因化石能源燃烧而产生碳排放。

2. 切齿精度

滚齿机种类繁多，不同种类滚齿机加工出来的切齿精度也不相同。而在齿轮生产过程中，切齿精度必须达到要求，否则会影响齿轮的传动质量，导致企业报废齿轮增多。而报废齿轮的增多，一方面，增加了制备齿轮过程产生的碳排放，报废齿轮原材料开采产生的碳排放；另一方面，报废齿轮的回收耗能产生的碳排放也会增多。

（二）齿轮工件对碳排放的影响

齿轮工件对碳排放的影响最直观的就是齿轮工件精度的问题，滚齿机床在很大程度上会影响切齿精度。此外，齿轮材料通过影响机床切削耗能以及对刀具的磨损程度来影响整个碳排放，齿轮模数通过滚齿精度和加工时间影响滚齿机床、齿轮工件、滚刀刀具和切削液的碳排放。

1. 齿轮材料

目前，已得到应用的齿轮材料有很多，包括各种软齿面的金属材料和非金属材料。切削力与齿轮材料剪切屈服强度的关系公式如下：

$$F_z = \tau_s b_D h_D \grave{U}$$

（6-1）

其中，τ_s 是剪切屈服强度，b_D、h_D 分别是切削宽度、厚度，$\grave{U}$ 是变形系数。很明显，F_z 同时与 τ_s、$\grave{U}$ 成正比。因此，齿轮材料可以通过 τ_s、$\grave{U}$ 来影响 F_z，进而影响机床切削时的功率和能耗；F_z 过大，局部温度上升，滚刀的磨损程度就会加快，进而也会通过滚刀寿命来影响刀具碳排放。

2. 齿轮模数

齿轮模数也与精度相关，不仅影响滚切精度，而且在一定程度上决定了齿形加工深度。齿轮模数与加工深度成正比关系，而当加工深度大时，意味着材料需去除量就更多，在切削用量一定的情况下，材料需去除量多说明走刀次数越多，加工时间不得不延长，那么将同时影响滚刀刀具、切削液以及滚齿机床的碳排放。因此，齿轮模数会通过影响因滚齿精度不达标而致报废齿轮的制备及回收处理耗能，还会通过齿形加工深度影响加工时间，进而影响滚刀刀具、切削液以及滚齿机床的碳排放。

（三）滚刀刀具对碳排放的影响

滚刀种类、滚刀刃磨质量以及结构参数都可以通过影响滚刀寿命，从而间接影响滚刀碳排放，还可以通过加工精度和切削条件影响齿轮工件、滚齿机床碳排放。

1. 滚刀种类

滚刀品种多，材料不同，其硬度、耐用度、寿命、切削速度都不同。滚刀选取不当，不仅会导致滚刀磨损严重，增加刀具制备碳排放，还会影响被加工齿轮的硬度和精度，增加齿轮制备和报废处理碳排放。

2. 滚刀刃磨

滚齿时如果齿面出现异常，需要刃磨或者换刀，因为刃磨质量会影响工件加工精度，同时会降低滚刀寿命。由此可见，滚刀刃磨质量不仅影响齿轮工件碳排放，甚至会影响刀具本身的碳排放。

3. 滚刀结构参数

滚刀的结构参数有滚刀外径、滚刀前角以及滚刀头数等。

（1）滚刀外径

同一模数的齿轮滚刀可以制成不同外径，而滚刀外径又与滚刀槽数和滚刀寿命密切相关。稍大外径的滚刀适合加工高精度齿轮，则相应刀齿数目以及滚刀槽数增多，改善粗糙度并延长滚刀寿命，进而影响滚刀制备时的碳排放。为使刚度增加，大直径的滚刀需要使用更粗的滚刀心轴，采用较大的切削速度，而切削速度会影响切削时间，进而影响机床碳排放。不过滚刀外径加大后将同时增大刀具材料的消耗，可见滚刀外径的选取将同时影响刀具寿命和刀具材料消耗，从而影响刀具碳排放。

（2）滚刀前角

考虑到直槽可以显著提高制造精度，同时使制造大为简化，因此在实际生产中，容屑槽大多采用直槽。滚刀前角也与滚切碳排放息息相关。采用合理的前角，可以改善切削变形、切削力等切削条件，提高切削速度，降低滚齿机耗能，增加刀具耐用度和寿命。但是增加前角会受到齿形畸变的限制，在实际加工中为了制造方便，滚刀前角大都采用0度，不过可以通过计算修正齿形以采用正前角，比如粗滚齿滚刀、剃刀前滚刀等。由此可见，滚刀前角主要通过切削条件影响滚齿机床和刀具碳排放。

（3）滚刀头数

滚刀头数也会通过加工时间、滚刀寿命和加工精度影响刀具本身碳排放以及滚齿机床、齿轮工件和切削液碳排放。耗时计算公式如下：

$$t_m = \frac{(b + e_1 + e_2) \times z}{n \times f \times k}$$

（6-2）

式中，b 为轮齿宽度，e_1 和 e_2 分别为滚刀切入长度、切出长度，z 为齿数，n 为主轴转速，f 为滚刀进给量，k 为滚刀头数。由该公式可知，t_m 与 k 成反比。采用多头滚刀不仅可以提高滚切效率，而且头数越多，由于切削刃工作次数减少，切削厚度变大使得切削刃滑动变小，有利于切削刃切入，前刀面磨损就越小，可以提高滚刀寿命，降低刀具碳排放。但是值得注意的是，多头滚刀各头之间的间隙会影响齿轮精度，增加齿轮报废的风险。需要通过碳足迹数据挖掘出滚刀头数对总碳排放量的影响，在保证滚齿精度的前提下选取合适的滚刀头数。此外，滚刀头数会影响刀齿的切削负荷和走刀量，需要增加走刀次数来保证加工质量，加工时间随之增加，影响滚齿机床、滚刀刀具和切削液碳排放。

（四）切削液对碳排放的影响

在滚齿加工时，向切削区域浇注切削液可以降温达到冷却效果，提高滚刀耐用度和寿命，降低齿面的表面粗糙度和摩擦力，减少刀具碳排放、提高齿轮表面质量的同时降低切削时的能耗。但是另一方面，切削液也属于滚切过程中物料消耗中的一员，滚齿加工过程结束后，需要对使用切削液产生的废液进行处理，这种废液处理也需要消耗能源，消耗物料和能源都会产生相应的碳排放。

（五）切削用量对碳排放的影响

切削用量对碳排放的影响即主轴转速、进给量、背吃刀量对总体碳排放的影响，这些参数的选取也会影响到滚齿机床、刀具和切削液碳排放。机床滚削力公式如下所示：

$$F_{\max} = 2 \times \frac{M_{\max}}{d_0} = \frac{18.2 \times 10^{-3} m^{1.75} s^{0.65} T^{0.81} v^{-0.26} z^{0.27} K_m K_h K_a}{d_0}$$

（6-3）

式中，m 为齿轮法向模数，S 为进给量，T 为背吃刀量，v 为切削速度，z 为齿数，K_m、K_h、K_a 分别为工件材料、工件硬度和螺旋角修正系数，d_0 为滚刀外径。由该公式与式（6-2）滚齿加工时间公式知，滚削力的大小、加工时间都与切削用量参数相关。因此，S、T 等可以通过 $F_{\max}$ 以及 t_m 来影响滚齿机床、切削液碳排放。

切削用量通过滚刀寿命来影响刀具碳排放，刀具的寿命计算公式如下所示：

$$T = \frac{C_T}{V^{1/m} f^{1/n} a_p^{1/p}}$$

（6-4）

式中，T 为滚刀寿命，C_T 为相关系数，v 为切削速度，f 为进给量，a_p 为背吃刀量。由公式知，滚刀寿命与切削用量相关，因而可以影响刀具碳排放。

（六）其他影响因素

另外，滚切方法和齿坯定位也会影响滚齿加工的碳排放。

1. 滚切方法

由各种滚切方法的特点来看，滚切方法的选择主要影响滚刀的磨损程度，导致刀具寿命不同从而影响滚齿力工过程的刀具碳排放。合理选择进给量可适当延长刀具寿命，是实现刀具碳排放可控的一个有效手段。有些滚切法可增大切削用量，从而减少滚齿力工时的切削时间和机床空载时间，降低滚齿机耗电量产生的碳排放。

2. 齿坯定位

齿坯定位会影响齿坯精度，齿坯精度又影响切齿精度，切齿精度不达标造成报废齿轮增多，报废齿轮增多从而影响总体碳排放。若齿轮通过内孔或者是端面来进行定位，那么定位孔因为是过程中的定位基准和测量基准，所以需要达到指定的要求，它的尺寸偏差和几何公差都会造成安装过程出现间隙，导致齿坯安装偏心，加大了齿距累积误差，最终造成报废齿轮，影响总体碳排放。

（七）关联影响总结

通过分析滚齿机床、齿轮工件、滚刀刀具、切削液、切削用量以及其他因素对碳排放的影响发现，滚齿机床、齿轮工件、滚刀刀具和切削液这四者不是从单一方面来影响总体碳排放，而是会通过影响其余三者或者关联来影响滚切最终的碳排放。滚齿机床通过各辅助设备耗电能产生自身碳排放外，还通过切削精度、滚刀寿命影响齿轮工件和刀具碳排放；齿轮工件通过齿轮材料影响滚齿机床能耗和刀具碳排放，通过齿轮模数影响滚齿机床、齿轮工件、滚刀刀具和切削液的碳排放；滚刀刀具通过滚刀种类影响齿轮工件和滚齿机床碳排放，通过滚刀刃磨质量影响齿轮工件和滚刀刀具碳排放，通过外径、前角和头数影响总体碳排放；切削液通过摩擦力、滚刀寿命、表面粗糙度以及切削液制备和回收来影响总体碳排放。

从以上分析来看，滚齿加工的碳排放源和影响因素多且各因素之间存在错综复杂的关联关系。例如，在滚齿机床加工过程中，选取的切削用量越大，加工时间也会因每次走刀去除材料增多而花费的更少，机床电能碳排放随之会减少，不过切削用量的增大会导致滚刀寿命降低，从而让刀具碳排放增加。事物之间都是有关联的，至于它们之间的比重有多大，可以通过关联的支持度和置信度来描述。当企业在做决策时，这些因素对碳排放的直接或间接的影响更多的是靠经验分析。经验分析方法主要基于碳排放的核算结果，分析过程简单、直接，因此，所得到的滚齿加工碳排放影响因素之间的关系往往单一又独立，碳排放分析维度较低，无法客观全面地认识滚齿加工的碳排放综合情况。而对碳排放海量的核算数据进行挖掘，可以发现数据背后隐含的有用知识，协助企业进行决策。

二、滚齿加工过程碳足迹数据处理

随着齿轮制造企业的计算机化，齿轮企业爆炸性增长的数据不断催生对数据挖掘的需求，但在挖掘前首先要分析数据质量的问题，这一般是数据处理阶段需要完成的工作，可以为滚切碳足迹的数据挖掘做好铺垫。

（一）碳足迹数据预处理

高质量的碳足迹数据可以保证关联挖掘的可靠性与高效性，目前，常见的数据分析算法如关联分析法、聚类分析法都要求处理的碳足迹数据应准确且完整、具有一致性，碳足迹数据不要有冗余和噪声才能保证后续分析的质量。然而实际的制造企业信息系统中常常由于收集设备出现故障异常、碳足迹的核算错误、数据传输过程、编码与解码以及人为记录错误等原因导致原始数据丢失、有噪声、数据冗余等异常情况。如果直接对从信息系统中获得的碳足迹原始数据进行关联挖掘操作，像这样的非典型样本会严重影响之后生成的滚齿碳足迹关联模型 Tam(gear)，导致出现不完整性、杂乱性、重复性等数据对象常见问题。

1.碳足迹数据清理

由于在齿轮滚切过程中，碳排放影响因素众多，碳足迹数据具有多维度和复杂性的特点，齿轮制造企业在实际生产中存储和收集碳足迹数据的过程存在不规范操作造成并不是所有的一手数据都适合用于关联挖掘研究。因此，需要先数据清理（ data cleaning ）。

（1）残缺数值

残缺数值是指滚切过程中某些元组的一些属性数值（如碳排放的 hob tool），包括收集数据设备或者人为输入造成的数据遗失。处理残缺数值的基本方法有两种，最简单的就是减小数据集，直接忽略包含丢失值的所有样本，即删除残缺值所在的元组。如果无法直接删除存在丢失值的样本，可以填补残缺值所在元组。

考虑到直接忽略碳排放的 hob tool 某个元组就不能再利用该元组中其他属性值，而这些剩余属性值可能隐含更大的信息，并且某齿轮制造企业信息系统中获得的碳足迹数据元组属性缺失值并不多，故采用填补缺失值的方法，如下所示：

①人工填写缺失值

数据挖掘者可以手动去检查缺值样本，再根据经验分析法加入一个较为合理的预期值去填补缺失值，对于丢失值较少的小数据集来说，这种方法简单明了，可以得到相对准确的结果，但是这种方式处理缺失值比较费时费力，导致填补效率低下。对于滚切过程碳足迹这种大数据集来说，实际的挖掘过程中元组数是庞大的，人工填写缺失值的方法可能行不通。

②自动填充空缺值

通常有以下四种策略可供使用：

用同一个常量填补：不过缺失地方都具有相同值，处理程序就容易将它们识别成一个规则，从而会影响之后碳足迹关联挖掘结果。

用当前元组所在类样本平均值、中位数：当把数据按 gear_model 齿轮型号分类，如果 hob tool 属性上有缺失，可以用数据集中具有相同齿轮型号的平均刀具碳排放值或者是刀具碳排放值的中位数来填充 hob tool 中的缺失值。

使用某种方法如 Bayesian 公式，求解最佳值来填补：比如可构造决策树，来预测 hob tool 的缺失值。这种方法的优点在于充分利用了数据集中大部分信息来预测最佳值，对 hob tool 和其他属性之间的关联性保证具有更大的可能性，因此这种方法得出的结果较为精确，不过过程较为复杂，一般用于海量数据填补。

使用中心度量来填补缺失值：假定数据集中刀具碳排放的数据分布是对称的，并且刀具平均碳排放为 $110.10g\text{-}CO_2$，则可以使用该值来替换 hob tool 中的缺失值。

（2）数据冗余

数据挖掘通常需要多个数据源集成，而在数据集成中可能会存在结果数据集出现冗余或不一致的现象。一个属性（如碳排放的 gear workpiece）为冗余数据的可能性大小要看是否能被其他属性"导出"，比如命名差异，可通过相关分析检测 material waste、gear workpiece 属性，相关分析可度量 gear workpiece 在多大程度上包含 material waste。对于标称属性（nominal attribute），可使用卡方检验（χ^2）；对于数值属性（numeric attribute），可使用相关系数（correlation coefficient）> 协方差（covariance）。考虑到碳排放属性多为数值属性中的比率标度属性，因此只考虑以下两种方法。

①数值属性的相关系数

上述的两个属性 material waste 和 gear workpiece 分别记作 A 和 B，通过计算属性 A 和 B 的相关系数来估计 material waste 和 gear workpiece 这两个属性的相关度 $r_{A,B}$：

$$r_{A,B} = \frac{\sum_{i=1}^{n}(a_i - \overline{A})(b_i - \overline{B})}{n\sigma_A\sigma_B} = \frac{\sum_{i=1}^{n}(a_ib_i) - n\overline{A}\overline{B}}{n\sigma_A\sigma_B}$$

（6-5）

其中，n 是元组数，a_i、b_i 分别是属性 material waste 和 gear workpiece 在第 i 个元组上的值，$\overline{A}$、$\overline{B}$ 分别是属性 material waste 和 gear workpiece 的均值，σ_A、σ_B 分别是属性 material waste 和 gear workpiece 的标准差，$\sum(a_ib_i)$ 是属性 material waste 和 gear workpiece 叉积和。相关系数要满足 $-1 \leq r_{A,B} \leq 1$。

在计算出相关度后，判别相关度在哪个大小区间来推测是否相关。当依次满足 $r_{A,B} > 0$、$r_{A,B} = 0$、$r_{A,B} < 0$，分别说明属性 material waste 和 gear workpiece 为正相关，独立与负相关。正相关时，$r_{A,B}$ 越大，说明 material waste 和 gear workpiece 属性间冗余性更大。

②数值属性的协方差

协方差可以用来评估 material waste 和 gear workpiece 之间如何一起变化，假设这两属性为 A、B，有值 $\{(a_1, b_1), \ldots (a_n, b_n)\}$。期望计算如下：

$$E(A) = \overline{A} = \frac{\sum\limits_{i=1}^{n} a_i}{n}$$

（6-6）

$$E(B) = \overline{B} = \frac{\sum\limits_{i=1}^{n} b_i}{n}$$

（6-7）

A 和 B 的协方差定义为：

$$\mathrm{cov}(A, B) = E((A - \overline{A})(B - \overline{B})) = \frac{\sum\limits_{i=1}^{n}\left(a_i - \overline{A}\right)\left(b_i - \overline{B}\right)}{n}$$

（6-8）

将（6-5）式与（6-8）式比较可以得到：

$$r_{A,B} = \frac{\mathrm{cov}(A, B)}{\sigma_A \sigma_B}$$

（6-9）

其中，σ_A 是 material waste 的标准差，σ_B 是 gear workpiece 的标准差。如果计算 material waste 和 gear workpiece 的 $\mathrm{cov}(A, B)$ 为 0，则说明 material waste 和 gear workpiece 之间没有相关性，不可以作为冗余被删除。

（3）噪声数据

比如碳排放的 electricity 属性，可以采用如下方法：

分箱（binning）：将 electricity 碳足迹数据值排序后分布到箱中，采用旁边值局部光滑的技术。

回归（regression）：回归是通过某个函数来拟合碳足迹数据来达到光滑的效果。

离群点分析（outlier analysis）：通过某些方法检测碳足迹数据中的离群点。聚类是通过将属于同类的碳足迹数据值组织成群，落在群集合之外的值就被视为碳足迹数据中的离群点。

在碳足迹数据收集中，通常有一些样本和数据集中的其他数据有很大不同，这就是异常数据，与噪声数据一样也可能是由测量偏差或随机误差造成的。一方面，如果某型号齿轮滚切过程刀具碳排放量显示为负数，这个值显然不正确，很有可能是计算机程序中字段"未记录刀具碳排放核算数据"的默认设置造成的。另一方面，如果在碳足迹数据中，某个齿轮切削液碳排放量远远高于其他值，那可能需要重新根据碳排放核算公式进行切削液碳排放量的计算。

2.碳足迹数据变换

齿轮制造企业信息系统中可能会看到数据、重要文件等以 Excel、PDF、Word 等形式进行存储，而滚切过程的碳足迹数据也可能存在存储形式多样的特点，它们并没有形成统一的规范。碳足迹数据变换（data transformation）就是为了解决这类问题，将数据转换成适合分析和后续关联挖掘的统一形式，提高数据处理速度的同时便于观察滚切过程碳排放的关联挖掘结果。数据变换的操作方法有很多。假设碳排放中某个属性 electricity，记为 A，观测值有 $v_1, v_2, \ldots, v_n$，常见规范法如下：

（1）最小—最大规范化

将 electricity 原值进行线性变换。electricity 的最小最大值分别记为 $\min_A$、$\max_A$，计算如下公式：

$$v_i' = \frac{v_i - \min_A}{\max_A - \min_A} \left(new\_\max_A - new\_\min_A \right) + new\_\min_A$$

把 electricity 的某个值 v_i 映射到区间 $\left[new\_\min_A, new\_\max_A \right]$ 中的 v_i'。

（6-10）

（2）Z 分数（z-score）规范化

当不知道 electricity 的 $\min_A$、$\max_A$ 时，可以采用 z-score 规范化。与上一种方法相似，将 electricity 的值规范：

$$v_i' = \frac{v_i - \overline{A}}{\sigma_A}$$

（6-11）

（3）按小数定标规范化

通过移动 electricity 值的小数点来进行规范，移位由 electricity 最大绝对值决定。公式如下：

$$v_i' = \frac{v_i}{10^j}$$

（6-12）

式中，j 是使得 $\max\left(\left|v_i'\right|\right) < 1$ 的最小整数。上述方法获得的碳足迹数据差异性较大，本研究先找出每种碳排放源数据的最大值与最小值分别记为 $\max_t$、$\min_t$，然后通过计算公式 $\left(\max_t - \min_t\right)/5$ 作为每个区间之间的差量，以此来划分区间，分别记为：A、B、C、D、E。

3.碳足迹数据归约

齿轮滚切过程碳足迹数据集量大。而对于大数据集，可以通过数据归约（data reduction）保留滚切过程碳足迹数据特征的情况下缩减数据量。碳足迹数据归约是从齿轮制造企业信息系统中挑选更具代表性的数据，通过减小数据量或降低属性来实现数据压缩的目的。经过归约后的碳足迹数据集能产生与原始数据集相同的结果。

碳足迹数据归约主要分为两种，一种是基于特征或案例的归约，另一种是数值归约。在实际的齿轮制造企业信息系统中，有大量数据对整个滚齿碳足迹关联挖掘应用来说是没有意义的，它们的存在与否并不会影响最终的挖掘结果，反而会导致应用数据集过大而使挖掘效率低下。在碳足迹数据预处理过程中，需要通过数据归约操作来减少这类数据，比如最基本的删除行和列等。齿轮滚切过程中碳排放的影响因素众多，这些因素对碳排放的影响归根结底是对机床耗电能、齿轮工件的原材料消耗、滚刀和切削液消耗这些碳排放源的影响。

碳足迹数据的维归约主要是采用属性子集选择等方案，例如去掉碳排放不相关的属性。数值归约的做法是构建模型，让碳足迹数据被这种模型生成内容给替换。当然，这种模型可以是参数化的，也可以是非参数化的，比如直方图。

（二）碳足迹数据仓库的设计与实现

1.碳足迹数据仓库的设计

由于要同时考虑不同切削参数以及碳排放影响因素对滚切过程中碳排放的关联影响，从齿轮制造企业信息系统中，不单是要获取如滚齿机床、齿轮工件、滚刀刀具和切削液的根据滚切过程碳足迹经验公式实时核算的碳足迹数据，还包括滚齿机床加工信息中的切削参数等基础数据。这些数据要分类存储在数据仓库中，记为 XBRT 基础、实时数据。

针对滚切过程的碳足迹数据类型建立数据源层，包括基础数据来源和碳足迹实时数据来源，例如滚齿机床加工工艺卡片、切削参数及不同切削参数对应的碳足迹源数据等信息；ETL 层，可以抽取碳足迹数据等；经过上述操作后，就可以将所有类型的数据载入到数据仓库层进行存储，便于后续应用层工作的开展；数据应用层，包括碳足迹数据分析和展示两方面应用。

滚齿加工的碳排放影响因素众多，可以从滚齿机床、齿轮工件、滚刀刀具和切削液再细化到运转耗能特性、齿轮材料、滚刀结构参数、切削用量等。为了便于齿轮制造企业决策者从这些细化的角度去考虑碳足迹的主题，构建的滚齿碳足迹数据仓库需要采用多维模型。

（1）碳足迹数据仓库需求分析

创建滚齿碳足迹数据仓库是为了后续的滚齿碳足迹关联规则获取与碳排放分析预测提供数据，需要确定碳排量影响因素和来源。影响滚齿碳排放量的原因有很多，如贯穿滚齿机床加工的整个过程，这个过程中的设备能耗、原材料损耗、刀具磨损、切削液损耗，甚至切削过程主轴转速、进给量、背吃刀量等都会对滚齿的总碳排放产生影响。因此，构建的碳足迹数据仓库除了包含滚齿机床电能、齿轮工件、刀具和切削液这些碳排放源的实时核算数据外，还应该包括齿轮滚齿信息数据如切削用量三要素、加工报废信息数据、齿轮生产计划数据和其他数据。

数据仓库中采用 UUID（Universally Unique Identifier，通用唯一识别码）的方式对齿轮滚齿基础数据进行编号，本事例中包含滚齿机床设备编号、齿轮编号、齿轮原材料编号、滚刀刀具编号、切削液编号等，通过 UUID 编号将碳足迹核算数据与对应的滚齿基础信息进行关联查找，实现碳排放量与设备、滚齿、刀具、切削液和切削参数信息之间的交互，并保证了数据的唯一性。综上所述构建的碳足迹数据仓库应该包括但不限于：设备编号、齿轮编号、原材料编号、刀具编号、切削液编号和碳排放量的数据。

（2）碳足迹数据仓库概念模型设计

碳足迹多维数据模型围绕碳足迹的中心主题组织，在概念模型设计阶段就需要选择恰当的主题。根据需求分析中确定的滚齿碳足迹数据仓库的数据类别确定数据仓库，主要包括设备、齿轮、原材料、刀具、切削液、碳排放量六个主题领域。

（3）碳足迹数据仓库逻辑模型设计

创建碳足迹数据仓库，为了记录各碳排放源的碳足迹核算数据，涉及设备、齿轮及原材料、滚刀刀具、切削液，这使企业能够记录滚切过程碳排放数据。据此本数据仓库采用星型模型，建立一张碳足迹主题的事实表连接多张维表，维表是用来进一步描述维并与之相关联的表，最后构成滚齿碳足迹逻辑模型。

（4）碳足迹数据仓库物理模型设计

根据上述的逻辑模型，首先，设计并确定各维表名称，如碳足迹事实表（carbon footprint fact sheet）、切削液维表（cutting fluid_dim）、刀具维表（knife tool_dim）、设备维表（equipment_dim）以及材料维表（material_dim）。其次，确定各维表的外键、主键，如碳足迹事实表中设备 ID、切削液 ID、材料 ID、滚刀刀具 ID 对应字段为外键，刀具维表中滚刀刀具 ID 对应字段、切削液维表中切削液 ID 对应字段、设备维表中滚齿机床设备 ID 对应字段、材料维表中材料 ID 对应字段为主键。最后，需要设置各维表的索引，论文中将各个维表的主键，如刀具维表中滚刀刀具 ID 对应字段、切削液维表中切削液 ID 对应字段、设备维表中滚齿机床设备 ID 对应字段、材料维表中材料 ID 对应字段设置为索引，以提高碳足迹数据仓库读取和存储的速度。

2.碳足迹数据仓库的实现

经过上述流程后，为提高搜索速度采用 MySQL 数据库，本书创建名为 create 的数据仓库，在此数据仓库下创建 carbon footprint_dim、cutting fluid_dim、equipment_dim、knife tool_dim、material_dim 表。

经过上述设计和最终实现的流程后，还需要通过 ETL（Extract、Transform、Load）从齿轮滚齿碳足迹源数据中提取合适的数据，进行格式转化，再载入数据仓库中。

（三）碳足迹数据仓库与 OLAP 的关系

滚齿碳足迹数据仓库是不足以完成后续对滚齿加工各碳排放影响因素的结果查询分析工作的，为了实现查询与分析滚齿加工各碳排放影响因素的结果数据，提出联机分析处理

（OnLine Analytical Processing，OLAP）的技术，可用于滚齿碳足迹的各个碳排放源进行数据访问、处理和分析。

碳足迹的 OLAP 技术与滚齿碳足迹数据仓库密切相关，两者可以相互结合和补充。碳足迹数据仓库是整合了全部碳足迹数据，可以对齿轮制造企业的碳足迹支持、分析、数据存储和管理提供帮助，OLAP 在此基础上还可以采用多维数据分析、数据聚集等技术再对数据进行组织、汇总的联机分析和处理，从而实现对滚齿碳足迹数据的评价和反馈。

为了实现齿轮滚齿碳足迹数据挖掘的准确性和高效性，为关联规则挖掘工作做好铺垫，首先，本书对滚齿碳足迹数据进行了数据预处理过程，包括碳足迹数据清理、变换和碳足迹数据归约，针对滚齿碳足迹数据中的残缺数值，提出了人工填写和自动填充的方法，并对每种方法各自的特点进行阐述。针对滚齿碳足迹数据中出现的冗余，根据碳足迹的属性类型采用相关系数和协方差的相关分析来度量两属性间的冗余程度。针对滚齿碳足迹数据中出现的噪声，采用分箱、回归和离群点分析的处理方法。通过某齿轮制造企业的齿轮的数据举例，实现碳足迹数据的变换和归约。其次，介绍了滚齿碳足迹数据仓库的设计与创建。关联规则可以在不同的维度对数据进行全方位的分析，从而能够让企业做出更加理想的决策，更加准确地预测滚齿加工碳排放未来的发展趋势。

三、滚齿加工碳足迹数据挖掘系统

（一）滚齿碳足迹数据挖掘系统框架

滚齿碳足迹数据挖掘系统的主要功能是实现对齿轮滚齿机床、齿轮工件、滚刀刀具和切削液在不同切削参数下的碳足迹数据预处理、数据存储和关联挖掘以及关联规则结果的导出。为方便齿轮企业后续的维护和迭代，系统采用了 B/S 架构，总共分为六层。

第一层为数据处理与存储层。主要对来自齿轮 CAPP、CAx 等系统的基础数据和实时核算数据进行数据清理、变换和归约这些预处理工作以减少冗余、残缺和噪声数据，再进行格式上的统一和数据量的压缩。在处理过程结束后，按照分类原则将处理后的基础数据与实时数据分类存储于 MySQL 数据库中，数据的抽取、转换、装载等功能由 ETL 工具完成。

第二层为业务实现层。数据挖掘的方法除了有关联分析，还有聚类分析等。本书研究的滚切过程碳足迹分析采用的是关联分析法，因此系统功能模块只能展示关联分析相关操作，即通过关联挖掘获得滚齿加工碳排放影响因素中有价值的信息，让挖掘得到的有用知识服务于齿轮制造企业决策者。该层需要封装大量的挖掘算法及业务流程，最终实现对滚切过程碳足迹数据的挖掘，为齿轮企业用户省去了大量繁琐复杂的挖掘流程。该层还实现了上下两层之间的通信。

第三层为数据访问层。数据访问层的作用是使应用层的各个操作模块能够连接数据库，从而访问数据库。

第四层为应用层。在应用层封装了工作台、数据处理、数据存储、关联挖掘和用户中心这四大模块，供用户操作使用。

第五层为应用接口层。提供 Web Service 标准接口服务。

第六层为客户层。在这层可通过网站浏览器简单操作获取关联规则结果等信息。

（二）系统开发环境

该系统前端采用 React 的开源框架，后端用 JAVA 语言进行开发。React 框架凭借其开发效率高的特点，是目前前端开发最常用的三大框架之一。前端开发时涉及 dva、redux、React Native 等技术栈，页面组件上采用 Ant Design 的 UI 设计组件库，实现滚齿碳足迹数据挖掘系统的快速开发。

（三）滚齿碳足迹数据挖掘系统功能模块

滚齿碳足迹数据挖掘系统包括工作台快捷入口与待办事项展示、数据处理、数据存储、关联挖掘、用户中心这五大模块。

1. 用户登录与工作台

首次登录系统需先注册，因为该系统面向齿轮制造企业，因此需要以企业身份去注册。验证成功后跳转到工作台的菜单项，工作台用来展示一些常用功能的快捷入口与待办事项，不仅用户可以对自己的挖掘任务一目了然，而且还提高了企业人员的办事效率。

2. 数据处理模块

数据处理模块下有清理、变换和归约三个子模块，用户可切换查看待清理与已清理页面，亦可根据齿轮型号查询对应的数据。

在没有选中任何一条数据时"申请清理"的按钮置灰，选中需要清理的数据后可以点击申请按钮，并且会在按钮下方提示所选数据项数。点击申请按钮后跳出弹框，用户可根据数据清理需求适当选择。数据成功清理后会进入数据变换的子模块，经过数据变换后再进入归约子模块。变换和归约的操作同数据清理，用户可根据实际需求适当选取。

3. 数据存储模块

数据存储是对 MySQL 数据库中的数据进行入库和出库的过程，为用户提供系统界面化操作的管理。

4. 数据挖掘模块

数据挖掘模块是整个碳足迹系统的核心。用户选择需要挖掘的数据后，点击"开始挖掘"按钮可跳转到参数设置界面，界面下方设置相关参数，参数有字段选择、字段属性、支持度与置信度设置、关联算法的选择、结果形式等。

5. 用户中心模块

系统中对用户的管理及企业的相关数据、齿轮基本信息存放在用户中心模块下，方便用户在进行数据挖掘时查看基础信息。用户管理中心可以对系统用户进行基本的管理。

参考文献

[1] 刘辉 . 能源经济大数据英文版 [M]. 北京：科学出版社，2022:03.

[2] 郑新业 . 能源经济学 [M]. 北京：科学出版社，2022:06.

[3] 陈建东 . 能源环境前沿方法介绍 [M]. 北京：经济科学出版社，2022:07.

[4] 彭月明，强万明，田树辉 . 清洁能源供热技术大道碳中和 [M]. 北京：中国建材工业出版社，2022:06.

[5] 万大勇，蒋武，周杰刚 . 数据中心建设技术与管理 [M]. 北京:中国建筑工业出版社，2022:08.

[6] 黄勇 . 动力电池及能源管理技术 [M]. 重庆：重庆大学出版社，2021:09.

[7] 刘婷婷，马忠玉 . 气候变化与新能源利用边际土地开发生物质能源 [M]. 北京：商务印书馆，2021:03.

[8] 吴小芳，吴姗姗 . 能源与环境的经济研究简集 [M]. 武汉：武汉大学出版社，2021:04.

[9] 闵庆飞，刘志勇 . 数据科学与大数据管理丛书人工智能技术商业与社会 [M]. 北京：机械工业出版社，2021:03.

[10] 刘超锋 . 能源化工装置运行数据挖掘技术及应用 [M]. 北京：化学工业出版社，2021:08.

[11] 徐泉，李叶青，周洋 . 能源仿生学 [M]. 北京：中国石化出版社，2021:02.

[12] 浦正宁 . 多维数据驱动下电力能源运营与投资管理研究 [M]. 北京：中国财政经济出版社，2021:12.

[13] 瑞佩尔 . 新能源电动客车维修图解教程 [M]. 北京：化学工业出版社，2021:02.

[14] 孙志强，宋彦坡 . 建筑环境与能源系统测试技术 [M]. 长沙：中南大学出版社，2021:04.

[15] 梁曼，李建新 . 能源消费与人文发展的关联研究：基于国际面板数据的实证分析 [M]. 北京：经济管理出版社，2021:02.

[16] 朱晓峰，王忠军，张卫 . 大数据分析指南 [M]. 南京：南京大学出版社，2021:10.

[17] 赵亮 . 智慧能源从构想到现实：天津智慧能源小镇创新实践 [M]. 北京：中国电力出版社，2021:03.

[18] 周开乐，陆信辉.能源互联网系统中的负荷优化调度 [M].北京：科学出版社，2021:07.

[19] 迟东训.全球新能源发展报告 2020[M].北京：社会科学文献出版社，2021:06.

[20] 马燕鹏，王建红.大数据和哲学社会科学交叉研究方法与实践 [M].北京：中国社会科学出版社，2021:10.

[21] 朱二喜，华驰.职业教育大数据技术专业系列教材大数据导论 [M].北京：机械工业出版社，2021:09.

[22] 刘建文，刘珍.能源概论 [M].北京：中国建材工业出版社，2020:08.

[23] 周侠.新能源汽车设计基础 [M].北京：机械工业出版社，2020:07.

[24] 刘洪涛.中国能源消费系统及革命 [M].太原：山西经济出版社，2020:03.

[25] 张鹏涛，周瑜，李珊珊.大数据技术应用研究 [M].成都：电子科技大学出版社，2020:06.

[26] 段效亮.企业数据治理那些事 [M].北京：机械工业出版社，2020:05.

[27] 杨蕾.数据安全治理研究 [M].北京：知识产权出版社，2020:04.

[28] 张进华.节能与新能源汽车技术路线图年度评估报告 2019[M].北京：机械工业出版社，2020:04.

[29] 崔蕾.建筑环境与能源应用工程实验与实训指导 [M].北京：应急管理出版社，2020:11.

[30] 邱欣杰.智能电网与电力大数据研究 [M].合肥：中国科学技术大学出版社，2020:06.

[31] 林卫斌.能源数据简明手册 2020[M].北京：经济管理出版社，2020:11.

[32] 杨东伟.能源区块链探索与实践 [M].北京：中国电力出版社，2020:07.

[33] 赵志强.能源互联网规划理论和方法 [M].北京：机械工业出版社，2019:10.

[34] 任友理.大数据技术与应用 [M].西安：西北工业大学出版社，2019:05.

[35] 王思薇.中国能源上市公司技术效率研究 [M].北京：知识产权出版社，2019:12.

[36] 任庚坡，楼振飞.能源大数据技术与应用 [M].上海：上海科学技术出版社，2018:06.

[37] 刘建文，刘珍.能源概论 [M].北京：中国建材工业出版社，2020:08.

[38] 楼振飞.能源大数据 [M].上海：上海科学技术出版社，2016:03.

[39] 刘洪涛.中国能源消费系统及革命 [M].太原：山西经济出版社，2020:03.